这本书的主人是：

U0299535

我的自然笔记

THE NATURE CONNECTION

[美] 克莱尔·沃克·莱斯利/著　王子凡/译

中信出版集团·CHINACITICPRESS ·北京·

图书在版编目（CIP）数据

我的自然笔记 /（美）克莱尔著；王子凡译. — 北京：中信出版社，2013.7（2024.9重印）
书名原文：the Nature Connection：an Outdoor Workbook for Kids，Families，and Classrooms

ISBN 978－7－5086－4017－4

Ⅰ.①我… Ⅱ.①克… ②王… Ⅲ.①生活－知识 Ⅳ.①TS976.3
中国版本图书馆CIP数据核字（2013）第140137号

我的自然笔记

著　　者：[美] 克莱尔·沃克·莱斯利
译　　者：王子凡
策划推广：北京全景地理书业有限公司
出版发行：中信出版集团股份有限公司
（北京市朝阳区东三环北路27号嘉铭中心　邮编　100020）
承 印 者：北京华联印刷有限公司
制　　版：北京美光设计制版有限公司

开　　本：710mm × 1000mm　1/16　　印　　张：18.5　　字　　数：90千字
版　　次：2013年7月第1版　　印　　次：2024年9月第18次印刷
京权图字：01－2013－3489
书　　号：ISBN 978－7－5086－4017－4
定　　价：49.80 元

目 录

译者序 …… 6

致小读者 …… 10

第一部分

创作我们自己的自然故事

随时随地，发现自然 …… 14

第二部分

抬起头吧，仰望天空

它有轮回，能变四季 …… 54

第三部分

一年里的12个月

自然日记，分月指南 …… 94

1月 逃离严冬 …… 96

2月 追寻阳光 …… 112

3月 春的消息 …… 128

4月 万物复苏 …… 142

5月 生机勃勃 …… 158

6月 呱呱坠地 …… 174

7月 无限风华 …… 190

8月 水中漫游 …… 208

9月 悄然变化 …… 226

10月 最后的欢呼 … 244

11月 沉静的日子 … 260

12月 一年的尾巴 … 274

附录

给家长和老师的一封信 …… 287

引领我们的孩子 …… 289

户外活动安全贴士 …… 290

如何将自然日记运用在您的教学中 …… 292

将书中的方法与学校的课程要求相衔接 …… 294

译者序

亲爱的读者们：

首先，请你们不要弄错了，这不是一本关于大自然的故事书，而是引导你自己写成一本关于“大自然的故事书”的书。也就是说，这本书是你的一位贴身小老师和小向导，更是热爱自然的你的一位好朋友。

读懂大自然，不只是科学家的事情，正如作者说的，在古代，懂得尽可能多的自然知识，可是关系到人类能否生存下去的头等大事。而今天，科技越来越发达，分工越来越细，我们和我们的孩子们却离自然越来越远。我小时候喜欢嚼甜甜的草根，喜欢在姥姥家的后院里收集各种花色的蚂蚱和西瓜虫，还喜欢用泡桐的花萼做项链。那时候，父母都会教我们用毛毛草编小兔子，初夏的晚上带我们去找金龟子和捉蝉，这是多么美好的回忆！

一天又一天，一月又一月，我们在忙忙碌碌，大自然也在一刻不停地运转着，中国农历的节气形象地记录着自然的变化与我们生活的关系，而我通过这本书第一次知道，在西方，不同月份的名字来源也有着与气候相关的含义，我想，按照气候的节律去感受周遭的变化是与大自然亲密接触的最自然的方法。这也正是这本书内容安排的线索——每个月都有最适合进行的自然活动：春天到来，我们会格外地想去记录花是如何开放，树是怎样展叶；夏天，我们则可以观察各种昆虫、鸟窝，也

清晨，草叶上的蜘蛛网，
上面还挂着露珠。

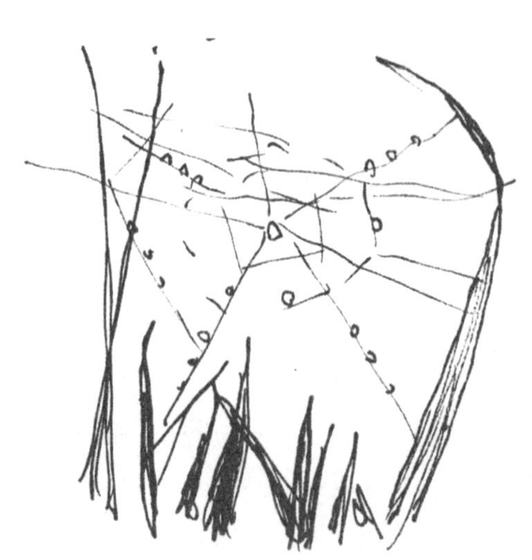

最适合在星空下入眠……跟随这本书，再结合当地的物候特征，我们就可以更容易地去实践探索自然的活动了。

本书的作者克莱尔女士是一位非常有办法、成熟但不缺乏好奇心的好老师。她不断地鼓励读者用各种方法探索我们周围的自然，并思考我们与自然的关系。她满怀期待，但决不强迫，她用自己的坚持和勤奋来告诉她的孩子和学生：大自然总有无尽的秘密，坚持观察自然，记录自然，提高和大自然交流的能力，大自然也会给你越来越多的赞许和回报。

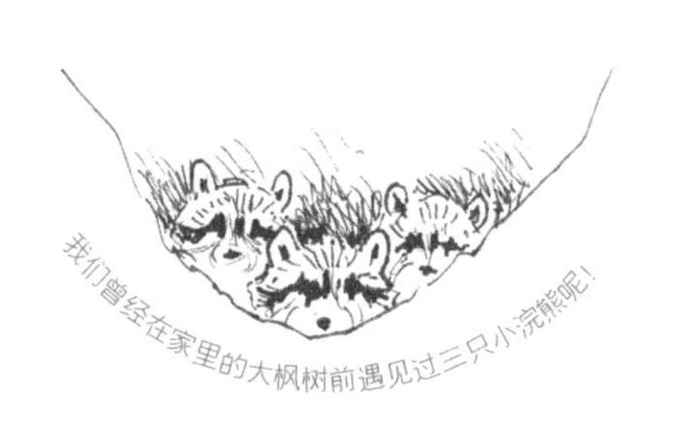

这听起来也许有点儿困难或者神奇，因为我们很多人都没有受过专业的绘画训练，或者是拥有相当的文学天赋，书里让我们用画笔和诗句来记录自然好像很难啊！可是，让我们先放下这些顾虑和担心，先来试一试也好啊！

我亲自体会到为自然作笔记的神奇魅力，是在我的公选课的最后一节课上。我参照书中介绍的方法，请同学们去校园里捡一片落叶或一朵落花，把它画下来，然后描述它的形态，再写一些自己的感受。孩子们都充满好奇地照做了，15分钟后，下课了，我告诉他们："这是你们的第一次自然笔记，你们可以选择自己保存，也可以交给我一起分享"，结果大多数学生都交了上来，一双双兴奋的眼睛告诉我，他们很想和我分享！我也非常激动地看着一段段话语："认真观察时，我才发现这片叶子像蝴蝶，

随着绘画的深入，才发现它浅淡的纹路，丰满的叶沿。人生也是这样，只有深入地经历过，才能更深地了解。”“花儿那小小的尖角，真可爱！渐变的花心很漂亮！”“我画的是一片叶子，它修长而且上面有好看的线条，绿色充满生机。”“这是什么花我不知道，但是它很美，平时我经常从它身边走过，却没有发现它，原来我错过了很多大自然的美。”“夜黑风高的夜，出去接触大自然了，哇哈哈！”“好好玩！或许以后开始写自然日记！”……

马利筋
——美国土著用来治疗皮肤问题

我当时真的很开心，这些学生的专业不一，文理兼有，年级也不同，可就在这短短的十几分钟里，我们都收获了大大超乎想象的美好：其实画画和写诗并没有那么难！并且发现这样一种和大自然对话的方法，可以让自己放松、开心和有所思考。我原本以为，大学生不会那么容易被自然触动，但事实证明，绝对不是这样。所以，我们更不用担心小孩子会对自然没有兴趣，他们只是需要指导，而这本书就提供了很多很棒的方法。

另一个让我印象很深的事情是我在指导学生的专业作品展的时候，我负责插花作品的指导。当时学生们做了各种各样美丽的花艺作品，有花束、礼盒，有西方插花、东方古典插花，其中我让学生用一个有6个小格子的空木盒子，去做一个表现当地当季自然之美的花艺作品，而不是用我们购买的花材，学生们都显得很兴奋，他们用心地搜集了校园里被打落的花苞、泛红的嫩叶、可爱的果实，带着青苔的树皮，还有榕树的气生根，精致的花萼……然后把这些自然的“宝物”仔细地排列在每一个格子里，做了一个

一盆罗勒

"大自然的糖果礼盒"。在展出中，很多学生都说要预订这个礼盒，它比那些较为程式化的插花作品更加受人欢迎，"我们的身边从不缺少美，而是缺少对美的发现"，大家通过这个小小的作品，强烈地意识到大自然的美丽是多么令人陶醉！

去年我看了《笔记大自然》，书中生动的图画、为大自然记日记的美好生活让我羡慕极了，我感到，这些东西正是我生命中最向往和最欣喜的！而现在，缘分竟然让我来翻译这位作者的另一本书，而且是面对孩子们和他们的家长、老师的，我真的觉得自己太幸运了！

我要感谢这本书的编辑对我的各种建议和无限的耐心，我们的沟通非常愉快，因为我们都很热爱这本书；还要感谢我的学生黄莉为这本书做的手写体的工作。最后，我真诚地希望所有爱自然的小朋友和大朋友都能花点儿时间，来记录我们周围的一草一木、一花一鸟的自然故事，只有亲身体会，才知道和大自然相处的时光是多么美妙！

王子凡

一天，我的孩子把15只青蛙放进了我们的浴缸里！

致小读者

如果有学生对我说："我以前以为我家后院里什么也没有，但是现在我知道了——那儿有一片丛林！"我会感到非常欣慰和开心。我喜欢教孩子们认识大自然里的事物，因为一旦他们发现，自己其实就生活在一个无与伦比的美妙世界里，都会激动得要命。就算他们对这个世界知道得不多，就算这个世界"只不过"是每天都要去的校园、路边的一处荒地或者田野里的一片干草地。

说到自然研究，我完全是半路出家，之前我是从事音乐和绘画工作的。那时候，我整天待在屋子里，并没有到户外散步的习惯。但是后来，我有幸遇到了一些人，是他们带我从屋子里走了出来。那一刻，当我真切地看到动人的沙丘、翱翔的海鸟，还有狐狸在沙土上留下的点点脚印时，我惊呆了：大自然实在太美了！

你也想领略大自然的美妙吗？太简单了！只要你迈出家门，擦亮眼睛，开始观察，就一定会着迷于大自然的魅力。我写这本书就是为了帮你走到户外，就像我的朋友把我带出屋子那样。

我是自学成才的，你也可以！这本书就是我自己不断观察、思考和钻研的成果。我花了许许多多的时间投入到大自然的怀抱，不知疲倦地画画和游历，日积月累地记录了43本关于自然的笔记和图画，它们中有来自我家附近的景物，也有来自旅途中的见闻。我还写了不少关于自然观察的书，来和你一起分享我对自然的热爱。

我的家也是你的家。

为什么要研究自然？

车前草

当我问学生们，为什么要研究自然？他们有很多很棒的回答，但也有些人不太明白——“难道我们离开自然还活不成了吗？”有时候我们可能会忘了，我们只是生物大家庭中的一员，我们和其他的生命彼此关联。当你环顾四周，你会发现我们的邻居不只是两条腿的和四条腿的，还有八条腿的、没有腿的，甚至是很多条腿的！

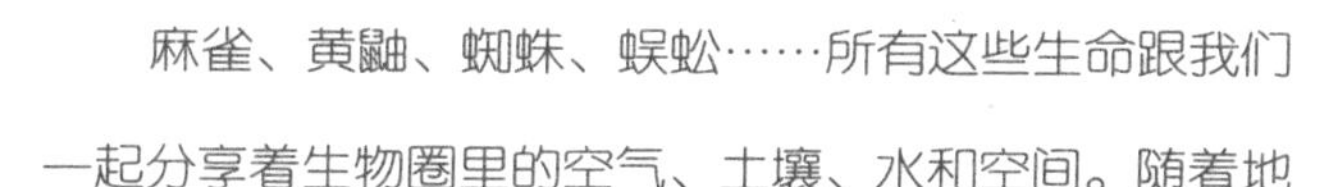

麻雀、黄鼬、蜘蛛、蜈蚣……所有这些生命跟我们一起分享着生物圈里的空气、土壤、水和空间。随着地球上生态系统的不断变化，了解身边的自然变得越来越重要。因为了解自然，可以帮助我们理解很多发生在我们身边以及更远地方的事情。

“自然”这个词源自于拉丁语“nasci”，意思是“出生”。这告诉了我们，自然包括了这个世界上一切的生命（也包括非生命），研究自然就是在研究你周围的世界与时空。当然，你不必确切知道有关各种昆虫、花朵、爬行动物的知识，或者门外的天气将要发生怎样的变化，你甚至可以连你要找什么都不知道！

但是你必须要有的是：一定的时间、对于观察的渴望、坚持记录的恒心、保持专注和耐心。从户外回来以后，你需要提问、阅读、研究，并且找到能帮助你回答问题的人们。你会发现，有很多人愿意分享你从自然中得到的喜悦。

老鹰在市区追捕鸽子。
N. Adams 2010.2.5上午8:30

我从未想过以后要找什么，
因为发现未知，遇见惊奇更有意思。

— 亨利·戴维·梭罗 —

我们把研究自然的人叫作“博物学家”。如果你对岩石、树木、鸟类、蚂蚁、天气或者云朵感到好奇，而且想对它们了解更多，你就已经迈进博物学家之门了。怎么才能逐渐变成一个合格的博物学家呢？秘诀就在于要保持专注、敏感和好奇心，当然，首先你得愿意花时间在室外。你可能会把自己弄得又湿又冷又累，还可能被虫咬，但还是会快乐而着迷地探索。因为当你发现大自然的秘密时，你会非常有成就感！

一些著名博物学家：

* 伽利略（17世纪的天文学家）

* 约翰·詹姆士·奥特朋（以他的绘画和对美国鸟类的描述而著名）

* 亨利·戴维·梭罗（他的代表作《瓦尔登湖》，描述了如何在自然中简单生活）

* 毕翠克丝·波特（兔子、狐狸、老鼠的敏锐观察者）

* 查尔斯·达尔文（进化论的奠基人）

* 雷切尔·卡森（她的著作《寂静的春天》启蒙了现代环境保护运动）

* 爱德华·威尔逊（一个也许是世界上最了解蚂蚁的生物学家）

* 珍·古道尔（世界上最了解大猩猩的人，“根与芽”项目的创立者）

* 旺加里·马塔伊（“绿带运动”的倡导者，2004年诺贝尔和平奖得主）

说来说去，这本书到底是讲什么的呢？

这本书是你记录自己家园的一个小本子，我说的家园并不是你居住的房子，而是你生活的整个世界，包括周围所有的自然事物。经过一段时间的练习，你就可以学会留意和记录在你面前发生的变化——或大或小，每过一个月，每过一个季节都会有变化发生。

科学家用他们的观测去理解世界如何运转，并且预测之后会发生的变化，这就叫生物气候学，你也可以这样做。这本书会帮助你学会如何在自家院里、邻里环境中应用生物气候学。

这本书还是帮助你探索精彩世界的向导，这片精彩就在你的家门外！你可以直接在这本书上绘画或者写字，也可以带上几页纸去记录观察到的东西，然后把它们粘在书后。如果你要出去徒步旅行的话，别忘了带上它。你可以自己使用，也可以和朋友、家人甚至和天竺鼠或者宠物狗一起分享。

最重要的是，走出去，调动你全身的每一根神经，去看、去闻、去听、去摸；去欣赏、去发问、去学习、去思考这个存在于我们四周的神奇世界！在你的第一次“自然探索”中，试着去体会下面这句话：

“自然需要我们正如我们需要自然一样”

祝你探索愉快！

Clare Walker Leslie

第一部分

创作我们自己的自然故事

随时随地，发现自然

我们如何与自然联系？这跟我们住的地方、所在的季节、当天的天气都密切相关。不管我们在哪儿，一年中季节总会不停地变幻，从地球诞生那天起就是这样。即使在遭受战争破坏的国家、干旱或者洪涝地区，或者完全由钢筋、水泥、混凝土组成的地方，大自然的循环仍在悄悄进行着。

今天，我们可以了解世界上很远地方的自然状况，却对我们身边的自然知之甚少。机会来了！你可以成为一个博物学家、一个探索者、一个自然小侦探！只要仔细观察并且认真记录，你就能发现一些前人从未发现的事情！我这儿有许多研究和欣赏自然的方法，不管在什么季节、什么天气都能奏效。这本书就是你写自然笔记和创作自然绘画（或者摄影）的指南。

对我们来说，重返自然、回归大地是一件健康而且必要的事情，
对自然之美的沉思会让我们知道，
为什么我们应该对大自然保持惊叹和谦逊。

— 雷切尔·卡森 —

收拾你的户外探险行囊

对于自然探险，你真正需要的就是好奇心！但也要根据天气情况来确保衣服和鞋子舒适度。另外，你也可以带上零食和水杯。还有下面这些装备，可以看情况准备：

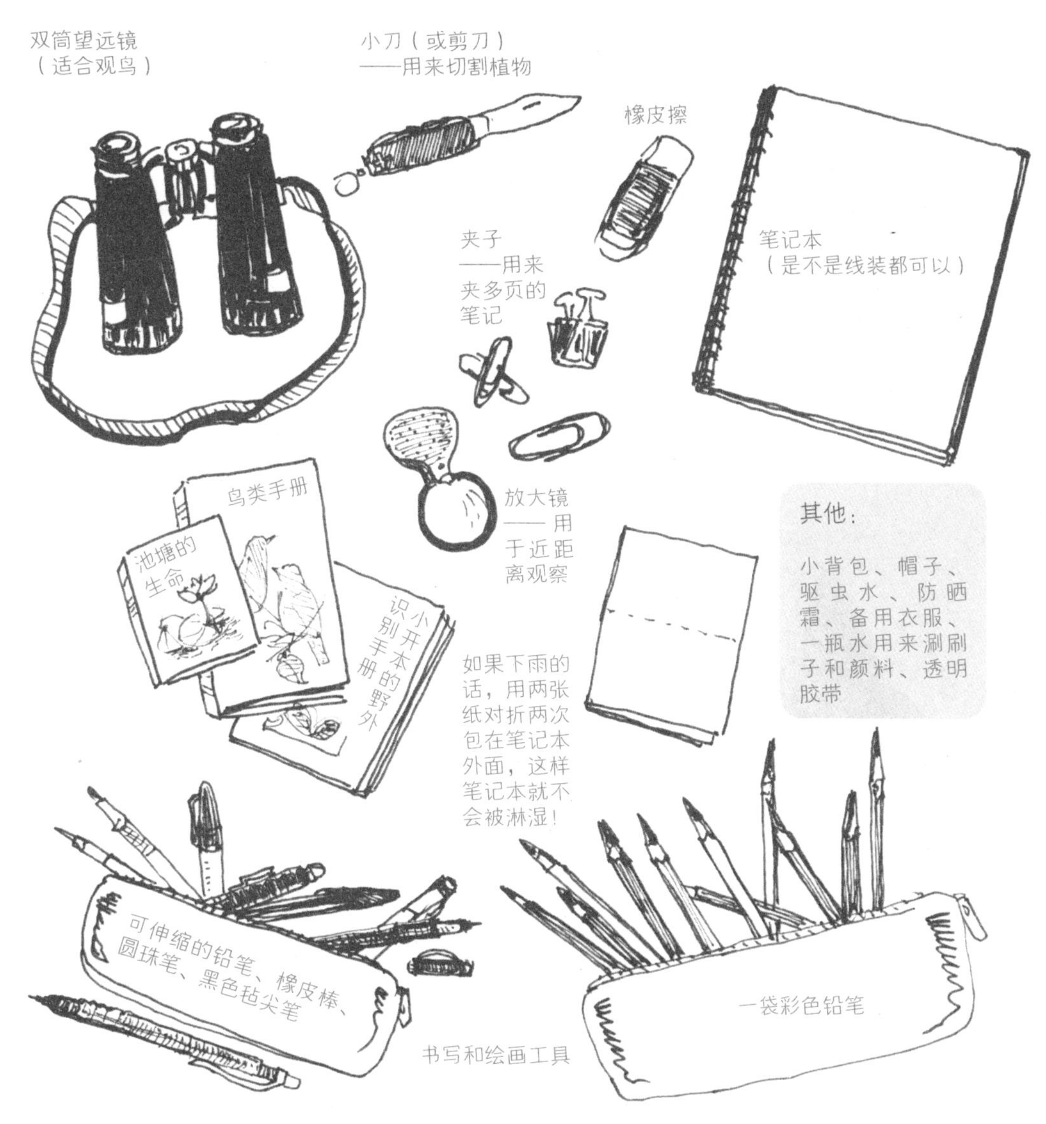

观察和记录

全世界的科学家从各个角度研究、试验、观察气候和环境是如何变化的。但你可能不知道的是，有很多知识也来自那些认真观察自然的人——他们并不是科学家。所以，你也可以参与到这项伟大的研究中！

为了保证科学记录的质量，博物学家会采用同一种格式来记录，确保他们不会漏掉每天发生的变化。这本书里的记录表是多种多样的，这些物候学表格都是我在教学中用到的。

我们回来了！
好了，这是个
避风港！
三只红翅黑鹂
2.28
野外湿地
欣厄姆·马萨诸塞州

物候学又是什么呢？简单地说，它是研究生物周期性事件的季节时间表。当你记录一种花开的日期、一种昆虫孵化的时刻或者一种候鸟出现在它的巢穴旁的时候，你其实已经在进行物候学研究了。

这些日期可不是每年都一样的，因为动物和植物的生活会受到天气条件的影响，比如每天的光照时间长短、温度高低、下多少雨都会影响到这些日期的前后变化。通过追踪这些季相变化的时间表，你就可以看出气候、天气和温度是如何改变这些自然现象的。

不同的人喜欢用不同的方式记录信息。希望你可以从这本书中找到最适合自己的方式。试验一下书中介绍的各种记录方式，最终找到自己的风格。

开始创作你自己的自然日记吧！

在这本书中，我收集了许多种类型的日记篇章。你可以尝试其中一种或者所有的类型，或者发明一套适合自己的日记类型。一个好的开头要包括时间、地点、事件和原因等信息。另外，最好还有一些其他信息，比如你的问题、绘画和观察对象。

不管你选择用什么形式记自然笔记，这里有一些建议，关于记录的要点和需要思考的问题。

尽可能详细地描述你所看到的

* 我在看什么？
* 它在干什么？
* 它是怎么移动的？它的叫声和气味是什么样的？如果可以的话，它摸起来、尝起来的感觉怎么样？

想一想事物之间的联系

* 这种（动物/植物/岩层）为什么会在这儿？
* 在它的旁边，还生活着什么？
* 它为什么可以在这里生存下来？或者，它为什么会来到这里？

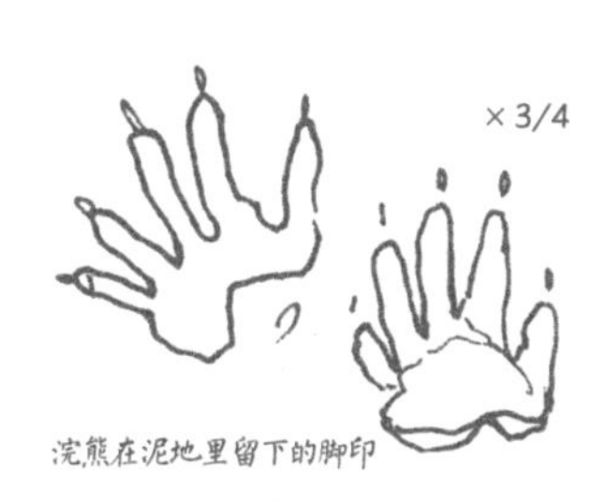

勾出大画面

* 我能从中学到什么？
* 这和我的世界有什么关系？
* 关于它，我还想知道些什么？

你的邻居都有谁?

列一个生活在你住所周边的生物名单，你看到过的或者你知道的都可以。比如，我知道我们这儿生活着浣熊，但是我很难看到它们，这也可以列上去。尽你所能，列得明确一些。

如果你不清楚那些鸟儿、植物或者昆虫的名字，就像个侦探一样，试着找到它们吧。在不同的季节里，你会看到不同的动物，而且会在不同的地方发现它们。所以，你一定得在自然日记上记录下发现它们的日期、时间和地点。随着去户外观察的次数增加，你就会不断添加这个名单。只要你愿意，随时都可以列名单，随着季节的变换，你会发现随时都有新邻居出现。

就像这样

—知更鸟
—麻雀
—枫树（糖槭树）
—蚂蚁
—蚯蚓
—瓢虫
—小狼
—刺猬

—白尾鹿
—狐狸（红色的）
—黄鼬
—蝾螈
—绿青蛙
—小溪里的小鱼
—鹰（不知道是哪种）
—蒲公英

—郁金香
—三叶草
—成群的椋鸟
—蛇（铜斑蛇？）
—乌鸦
—房顶上的鸽子
—黑熊
—银鸥

—松树
—云杉
—橡树（结满了橡子）
—黑脉金斑蝶
—蚊子
—小黄蜂

你还可以

* 数一数，名单上你能列多少种生物。和家人或朋友比一比，谁的名单更长?
* 比较一下，你的名单和住得很远的亲朋好友的名单有什么不同。
* 写一份报告或者把你的名单改编成一篇演讲稿。

我身边的自然

我看到了	我看到了	我看到了
1.	13.	25.
2.	14.	26.
3.	15.	27.
4.	16.	28.
5.	17.	29.
6.	18.	30.
7.	19.	31.
8.	20.	32.
9.	21.	33.
10.	22.	34.
11.	23.	35.
12.	24.	36.

一周自然观察

你可以遵循那些伟大的探险家们的传统，坚持记录科学笔记。如果一开始，你觉得每天写自然日记太累的话，可以先记上一个星期。每天你只需要写上一两条看到或者注意到的自然事物就行了。不用太长，但每天都要坚持！

就像这样

2月16日：我今天出门了，天气并不是很舒服，外面的温度是-1.7℃~0.6℃。空气比较潮湿，还有一股冷飕飕的南风。树木光秃秃的，我在等适合打棒球的天气到来。

2月17日：跟昨天一样……

2月18日：云朵在不断地堆积起来，好像要下雨或者下雪吧。我都不想出门儿了。

2月19日：可能又会下雨……

2月20日：总算有个好天气了！篮球，篮球，我的篮球！啦啦啦，小鸟在唱歌呀，太阳暖洋洋！

你还可以

* 把日记作为家庭或者课堂的一个项目。拿出一个本子，专门用来观察自然，让家人或者同学轮流记录自然日记。看看是不是可以坚持一个月——甚至一年！我曾经参观过一个学校，老师把孩子们整整一年的自然日记复印以后，装订在一起，作为年终礼物送给家长。

我的自然笔记

日期	笔记

自然充满神奇！

下面几首短诗是一位17世纪的日本诗人松尾芭蕉捕捉到的一个个动人瞬间——在他的眼里，大自然美妙极了。

条条红辣椒
添上薄薄翅
变只只蜻蜓
翩翩

枯树枝上，
乌鸦做了窝。
垂落了深秋暮色。

其实，每一天，不管住在哪里，你都可以看到自然界中细小而令人惊叹的事情。在你等校车的时候、在你跑向商店的时候、在你遛狗的时候，甚至就在你的房间里都能发现惊奇，比如洗澡的时候，没准儿就能发现一只蜘蛛呢！

在一个寒冷黑暗的下午，
我坐在我的书桌前，
看到一只小松鼠正直勾勾地盯着我。

我冲它微笑，
它摇了摇尾巴，
从房顶一蹦一跳地跑掉了。
我想这就是它回应我的方式吧。

真好玩儿！
我心情好极了！

自然也能治病！如果你哪天心情不好，比如考试不及格，或者跟朋友吵架了，或者只是在车里无聊得要命，这时候有一个好办法，那就是对着大自然凝视，找到大自然中能帮你忘掉这些烦恼的美景，哪怕只有一瞬间。这种不去计划的“发呆时刻”是自由的、轻松而不经意的，而且常常稍纵即逝，所以你要随时带上善于发现的眼睛和敏锐的神经。

你可能会发现的自然之美

* 冬日的黄昏，树上掠过的光线
* 严寒的冬天，踩在积雪上的咯吱声
* 树叶在你手中揉捻出的味道
* 眼前忽然划过一抹亮色！那是主红雀穿过绿叶

* 一只红尾鵟掠过城市的街道上空
* 温暖的阳光洒在脸上的感觉
* 池塘上升起的薄雾

* 太阳从云朵后露出脸
* 在暴风骤雨的夜里，听风的呼啸
* 一只臭鼬滚过草地
* 土上面的冰晶图案
* 当你走进商场的时候，发现两只乌鸦正看着你

享受自然带给你的惊喜

今天你遇到了哪些大自然的惊喜呢？看到鸟了吗？还是一片漂亮的天空？一朵花？发现了一种很美的树？一块特殊的岩石？一种不寻常的声音？

就像这样

4.12下午6:30：在回家的路上，我看到一轮满月正从河水上方升起。

4.13下午5:15：今天在厨房的窗户外面，我发现了粉红色的云。

4.14早上7:30：遛狗的时候，我在人行道上看到了一队蚂蚁。

4.15早上7:30：知更鸟在邻居家前院儿的树上唱歌。

4.16早上7:35：一群鸽子在草坪上方飞翔，急匆匆地转着大圈。

4.17下午1:30：雨打在窗户上噼啪作响，强烈的东北风摇晃着窗户。

你还可以

* 吃晚饭时，和家人分享你最喜欢的自然惊喜，然后请每个人都分享自己的自然惊喜。
* 不管你在哪里，看看是不是每天都能遇见同一个自然惊喜，并把这样的惊喜列举出来。
* 和朋友交流你们的自然惊喜（用电子邮件或者手写的方式都可以）。
* 把你的自然惊喜用相机拍下来，如果动作够快，也可以画下来。看看一段时间以后，你对自然中微小事物的观察力有什么进步，在我身上就很明显！

我的自然惊喜表

日期、时间	惊喜之处

玩玩自然游戏

当我出去散步、眺望窗外或者旅行的时候，我经常会玩一个名叫“自然在哪里？”的游戏，这能帮我逃脱每天繁忙的业务、快节奏的事务、堵车的烦躁和所有我每天必须做的工作。

这种游戏可以协调你的眼睛，帮助你集中注意力，当然也非常好玩。你在熟悉和不熟悉的环境中都可以玩：不管是在沙漠中、农场里或是大海边；不论在郊外还是在城市。

这是我在遛狗的时候记下的自然日记：
（马萨诸塞州 剑桥 11月20日 下午3点）

1. 天黑得好早：太阳下午4点半之前就会落山。
2. 树叶差不多都掉光了。
3. 今天的色彩：棕色、深绿色、橘黄色、灰色、熏衣草色。
4. 北方吹来冷风，但是天很蓝。
5. 下午的影子在草地和建筑物间拉得好长好长。
6. 成群的椋鸟在枫树林中叽叽喳喳叫得好响，它们在说什么呢？
7. 我在高高的草丛中听见一声悠缓的蟋蟀叫。
8. 棕色的树叶落了，人行道上到处都是，沙沙作响。
9. 万寿菊、菊花、三色堇、玫瑰在一片保护地中开花。
10. 知更鸟疯狂地啄着海棠果和苦樱桃。

找出你身边正在发生的10种（或者更多）自然的景象，然后把它们列出来。记得记录细节，例如时间、地点、天气情况等（如果你需要交作业的话，可以把这些记录整理成作文、报告甚至是诗歌或者一个短小的故事）。

1. ______

2. ______

3. ______

4. ______

5. ______

6. ______

7. ______

8. ______

9. ______

10. ______

______

找到你的心爱之地

我们每个人都应该有一个“秘密花园”，在那里我们可以一个人静下心来思考。找到这样的一个地方，然后经常造访吧。也许当你靠在一棵大树下、坐在一条流动的小溪旁的石头上，或者当你躺在山坡上的时候，你就会发现，你的心爱之地就是这儿啦！这个地方不需离你家太远，但是尽量选择一个视野中没有人造建筑物的地方。

只要有时间，你就可以去那儿放松身心，欣赏大自然的美丽。去的时候，你可以带上一本书，收集一些你发现的小玩意儿，或者爬爬树，要是你有兴致，还可以用绘画或者文字来记录自然。

30年来，我的心爱之地一直是奥本山公墓里的一个小山谷。它离我家只有1 600

米远。这是一个在城市中所能拥有的极致美景——它树木茂盛、丘陵密布，像田园诗一样美丽。在那里，我看到了丛林狼、狐狸、猫头鹰、鹰、刺猬、大群大群的鸟儿，而只有很少很少的人。

做一次自然拼盘

在你家的周围做一次小小的自然旅行，收集一些种子、树叶、种荚、果实、野花、羽毛、松针之类的天然碎屑。当然，首先要确保这些是可以捡的。因为有些地方，比如国家公园，是受到严格保护的，不允许带出里面的任何东西。不过，在你自家或者邻居的后院就不存在这个问题，你可以尽情地收集这些自然之物。

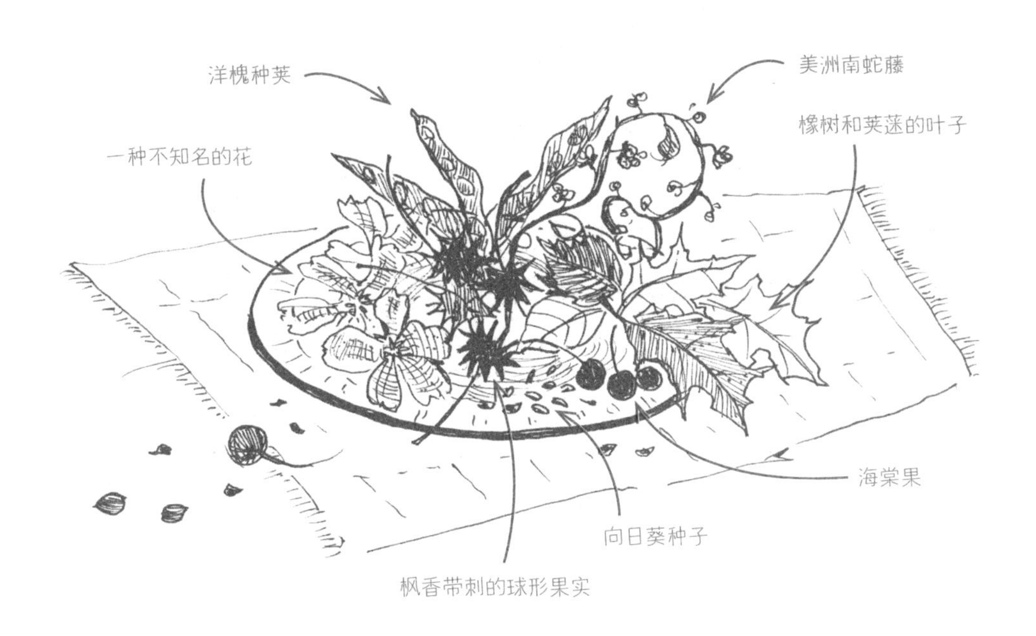

等你回到家以后，就可以做自然拼盘了。把收集到的这些“宝物”放在桌子上，让家人和你一起分享。请大家都围在桌旁，这样你就可以给他们讲每一样东西的名字，还有你是在哪里找到的。如果你有叫不出名字的东西（比如一片树叶），看看你能不能想出它是来自于什么树上（你可以参考第222页的“动手做一个属于自己的百宝箱”）。

为自然作诗

花上15分钟去户外，只是随便转转。不要说话，只用眼睛看，用耳朵听。看看你能不能感受那种将自己融入自然的感觉。

思考一下这些问题：

就在今天，就在现在，你的身边正发生着什么？今天的天气怎么样？

现在是什么季节？你听到了什么？这声音是从哪儿传来的？

现在，在这里，感觉怎么样？为什么？这里还生活着什么野生的生命？

它们可能在做什么？它们的夜晚是如何度过的？

现在找个地方，坐下来，
写一首关于这里的短诗吧！

就像这样

我听见树叶被风吹动，
天空被太阳染成了金色，
我好想就在这里睡觉，
如果妈妈允许。

还有一些其他的灵感来源：

* 你为什么喜欢在户外？
* 你已经对自然了解了什么？
* 你对什么感到好奇？对于它们，你想了解些什么？
* 如果你可以解救一种濒危生物，你要解救什么？为什么？
* 你在户外最喜欢做什么？
* 如果你可以变成一种动物，你想变成什么？为什么？

当我在户外的时候，我感到非常开心，从没有预料到的开心。

——一名学生

讲一个自然故事

其实，记录自然的方法并不是只有写日记和填表格。重要的是，你要记得在这个世界上，你在哪里，并且去思考大自然对你来说意味着什么。试试下面这个写作活动：

关于自然，第一个跳入你脑海的是什么？你在哪里？当时你是害怕还是开心，或者是激动？你是一个人还是和朋友在一起？那时候你几岁？把这个故事讲出来吧！

讲出第一个映入你脑海的自然故事。

采访一下你的家人和朋友，问问他们："你第一次有印象的户外旅行是什么？"

我能想起来的是，有一次，我在一个下雪的树林中溜达，后来，天色越来越暗，更糟糕的是，我发现我迷路了！我在跟着豪猪的脚印兜圈子。最后，你猜我是怎么走出来的？往回沿着我的雪鞋脚印！好悬啊！

季节的色彩

你有没有注意过天空、树木、大地和太阳的色彩，随着月份、天气，甚至在一天之中的不同时间有什么变化？

不同的季节，天空是什么颜色的？

____

冬天的色彩有不同吗？

____

在你住的地方，哪个月份的大自然看起来是最绿的？

____

最蓝的、最橘红的、最褐色的时候又是几月呢？

____

制作一个季节的色轮。用颜料、彩色铅笔，或者蜡笔把属于每个季节或者月份的色轮涂上。当你和一个小组做这件事的时候会更有趣。把你们的小脑袋凑在一起，想想每个季节你都能看到大自然的哪些颜色？

在我看来，做什么事情，
跟着季节的脚步就对了。

—亨利·戴维·梭罗—

我的季节色轮

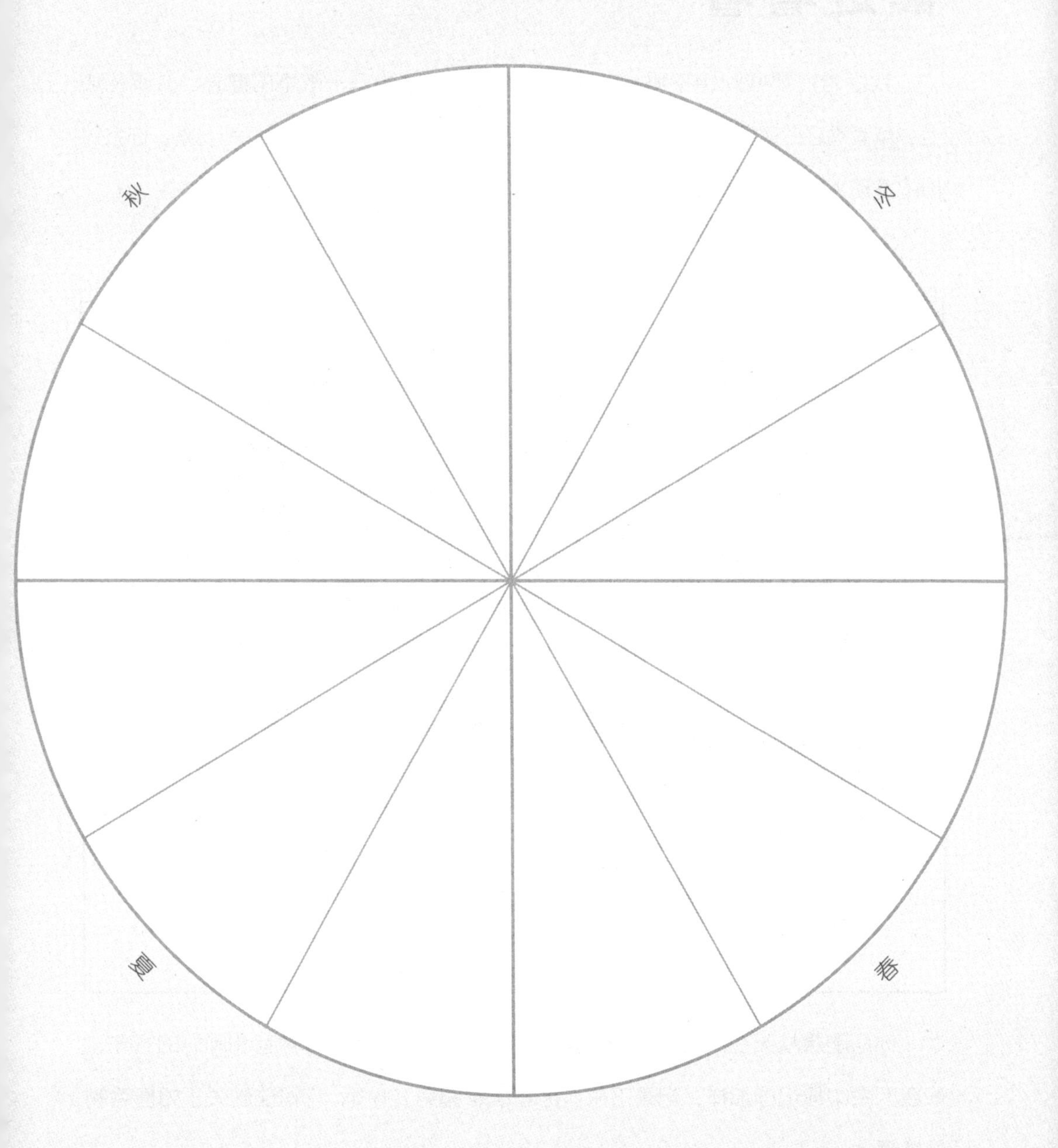

离近看看

我经常在那些似乎不那么“自然”的小地方写生——教室的窗外、公路的边上，或者酒店的外面。你还记得《威利在哪里》这本书吗？只要你仔细观察，你会对你的发现大吃一惊！

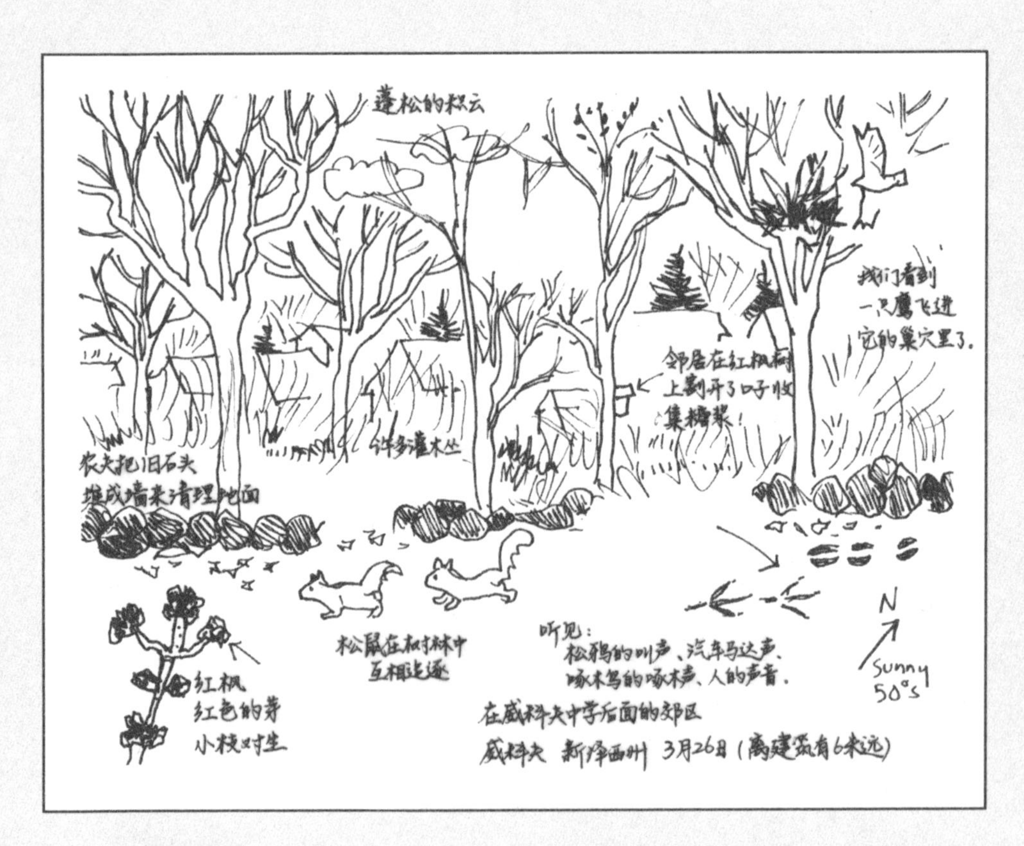

你可能想从天空开始从上往下描绘。别忘了加上你听见的声音和闻见的气味，像我上图中标记的那样，记录下来。你可以参阅第196页，它将谈到关于如何绘制风景画。

绘制你的风景画大作吧。

日期：　　　　地点：　　　　时间：

一堂快速绘画课！

绘画是一种记录见闻的重要方法。在照相机发明之前，博物学家要想把他们看见的景象记录下来，这是唯一的方法。随着你不断地练习对事物进行仔细观察，你会感到把它画下来越来越容易。每一个人都可以学画画，但是就像所有的本领一样，这需要花时间来磨炼，而且需要学习一些技巧。下面就是我在课堂上教孩子们画画的方法。

练习一 —— 轮廓盲画

把铅笔或者钢笔的笔尖放在纸上，眼睛看着你想要画的东西—— 一片云、一片树叶、一块水果等。一直看着，眼睛不要离开它，手开始画，就用一根线，不要断掉地画下去。不要看纸，也不要抬起你的笔！坚持这样画一分钟！

你看，用这种方法，我的南瓜被我画成了这样，哈哈。你也许会觉得好傻好丑——我的也是！不过这不要紧，这个练习的重要之处在于，它可以锻炼你的眼力！

还有啊，所有的画家在学画画的时候都要进行这样的练习呢！

有些人把这种绘画方法叫作“爬虫”或者“蠕虫”，用以形容笔在纸上移动的方式。

在这里创作你的轮廓盲画吧：

日期： 地点： 时间：

练习二 —— 改良轮廓画

这一次，你的眼睛可以自由了，可以来回地看你要画的东西和纸上的画，但是手中的笔尖仍然不要离开纸。坚持笔不离纸地画完整个轮廓，这就叫作改良轮廓画。

这是我用这种方法画出来的南瓜。

我用改良轮廓画法画那些移动得比较慢的动物，比如青蛙、蝾螈………

或者一只停在电线上的鸟。

在这里创作你的改良轮廓画吧：

日期： 地点： 时间：

练习三 —— 速写

现在，我们开始练习快速地画画，只用几根线条来勾勒最基本的形状或者你看到的事物。如果你愿意，你还可以不断提高速写水平，直到你的速写变成一幅完整的绘画。

我的速写作品：

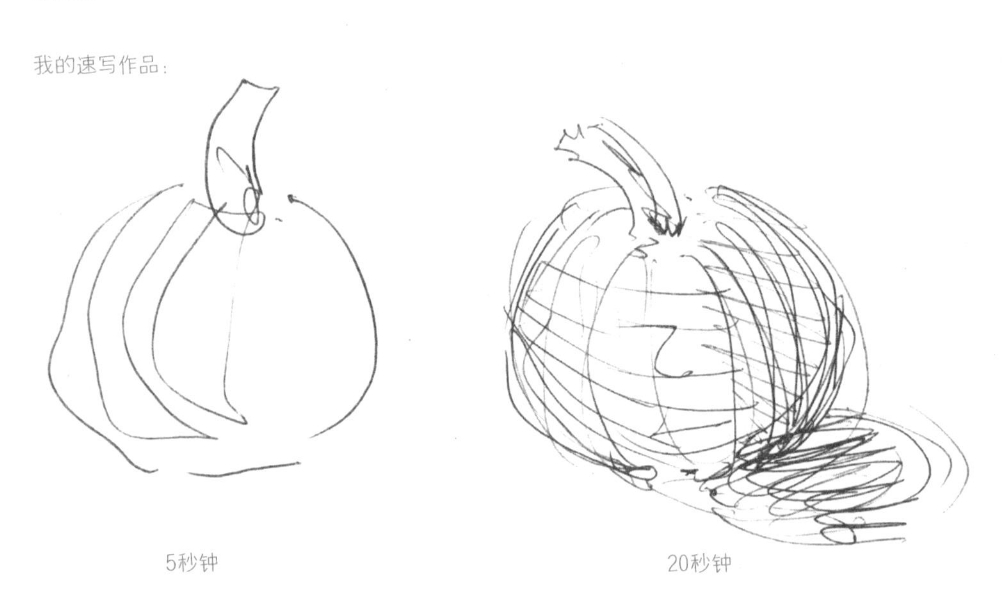

5秒钟

20秒钟

很多自然界中的事物运动得很快，所以速写对于捕捉飞鸟或者落叶的样子都是很有用的练习。

10秒钟

10秒钟

在这里创作你的速写吧：

日期：　地点：　时间：

练习四 —— 野地速写

很多情况下，当科学家在野外考察时，可能没有时间去细致地描绘他们要记录的对象，而且也无法采集标本，这时候他们可以拍照。不过，许多植物学家、地质学家、昆虫学家和鸟类学家也会靠野地速写来描述他们观察到的东西。

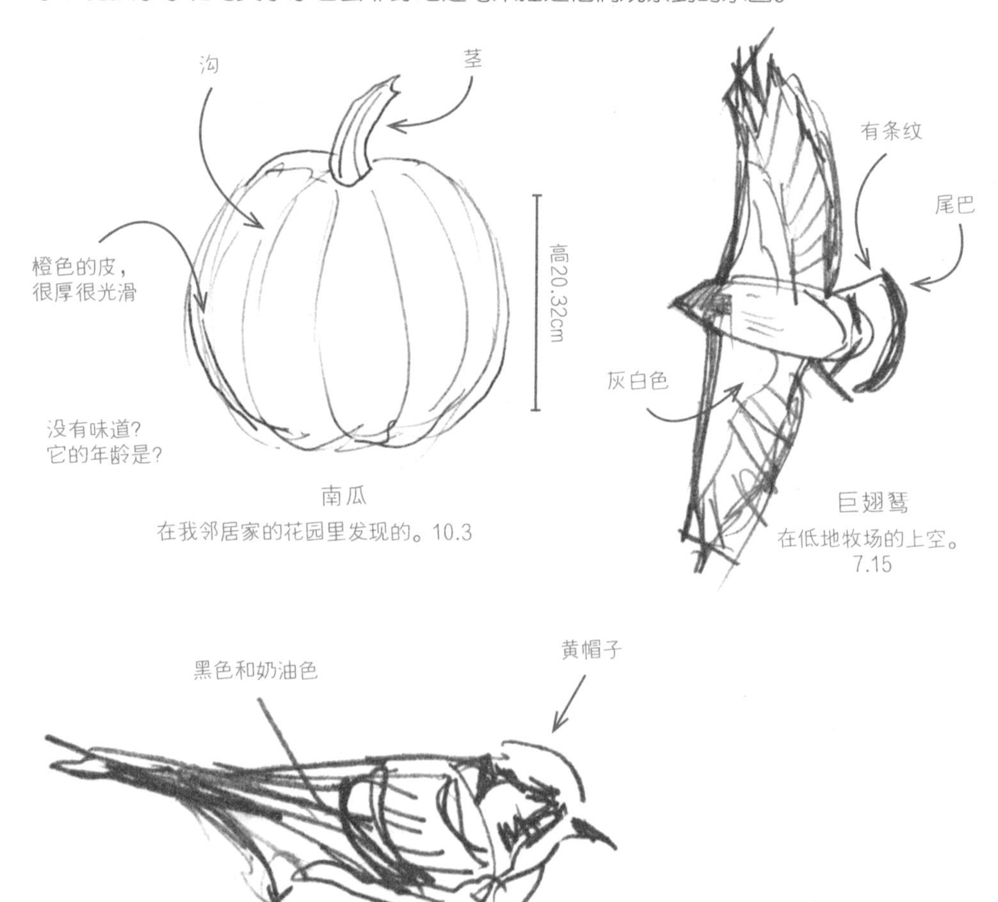

（你可以参照第50~51页一篇日记里野地速写的例子）

在这里创作你的野地速写吧：

下面是一些你可以采用的创作元素：

* 尺寸？
* 形状？
* 色彩？
* 质地？
* 气味？
* 叫什么名字？
* 在哪里发现的？
* 它在干什么？

日期：　　地点：　　时间：

练习五 —— 完整绘画

完成这种画要花费的时间从10分钟到10个小时不等。学习画画需要时间和技巧，教授绘画技巧的书很多，你可以多看多学。现在，你只需要尽情享受和尽自己最大的努力就行。最重要的是，你要亲眼看着实物画，并且对你画的东西有所了解。

你也可以对着书中或者杂志里（或者你自己拍的）的照片画，可以对着网上下载的图片画，可以去宠物农场或者动物园里对着动物画，甚至可以去科学博物馆对着陈列的展品画。只要你时刻睁开发现自然之美的眼睛，不管在哪里，你都能享受到做一个自然小侦探的乐趣！

在这里创作你的完整绘画吧：

日期：　　地点：　　时间：

来一趟田园旅行

现在是开始寻宝的时候了！在你的房子外面找一个地方，静静地坐下来。想象一下，你是透明的，或者你是一棵植物，要么是一只动物。嘘！

在蜘蛛网下，在草根旁，
是一片绿色和诡异的安静，
和串串玻璃珠一样的露水。
小蜘蛛们在纺织，
甲虫们笨手笨脚地穿过……

——南希·丁曼·沃森——

在安静地观察和聆听几分钟以后，你就可以写日记了。想想现在是几月，然后找到关于这个季节的线索。

你看到的色彩：

你能不能看到：

* 深绿
* 浅绿
* 粉红
* 黄色
* 棕色

你听到的声音：

你能不能听到：

* 树林中的风声
* 鸟儿的歌唱
* 昆虫的嗡嗡声
* 一些季节的线索

你的发现：

你能不能发现：

* 啃过的坚果
* 残花
* 树枝上的新芽
* 水坑上的冰晶

一个野外探险示例

下面这个例子是我带四年级的学生在野外观察到的。这些画和笔记都是在野外完成的，而且是我站着或者边走边画的。

4月16日

马瑟小学

多彻斯特 马萨诸塞州

日出：早上6点01分

日落：晚上7点21分

月亮

春天迹象的搜索：

凉爽的微风

听到：鸟叫

汽车声

风声

孩子的声音

草变绿了

杂草是褐色的

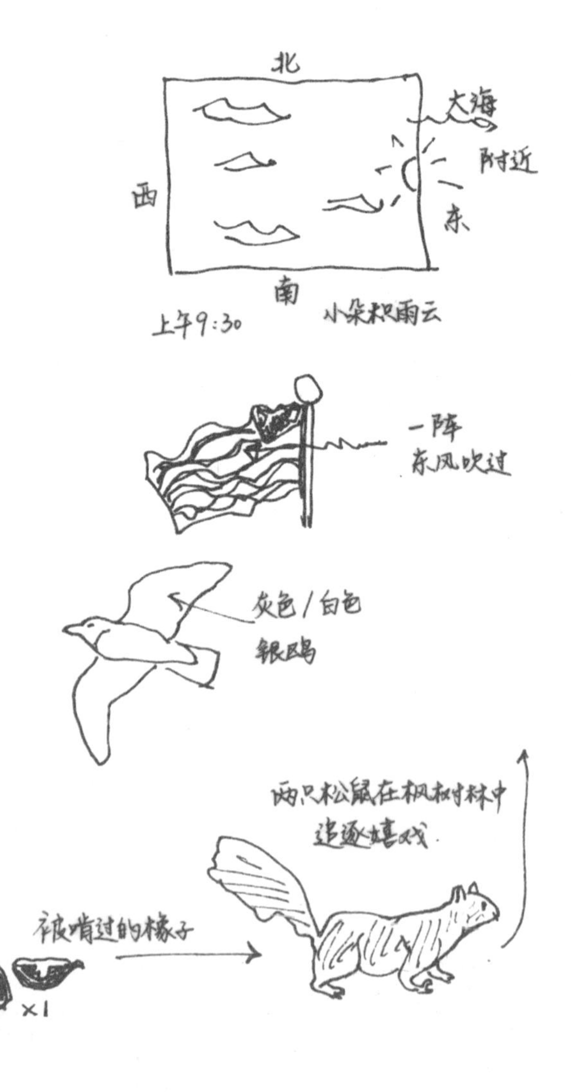

能看得出来，我画得很快，而且很简单。你的画也应该这样。不用想画得有多精美，而是要努力让自己看到更多、更细致的风景！

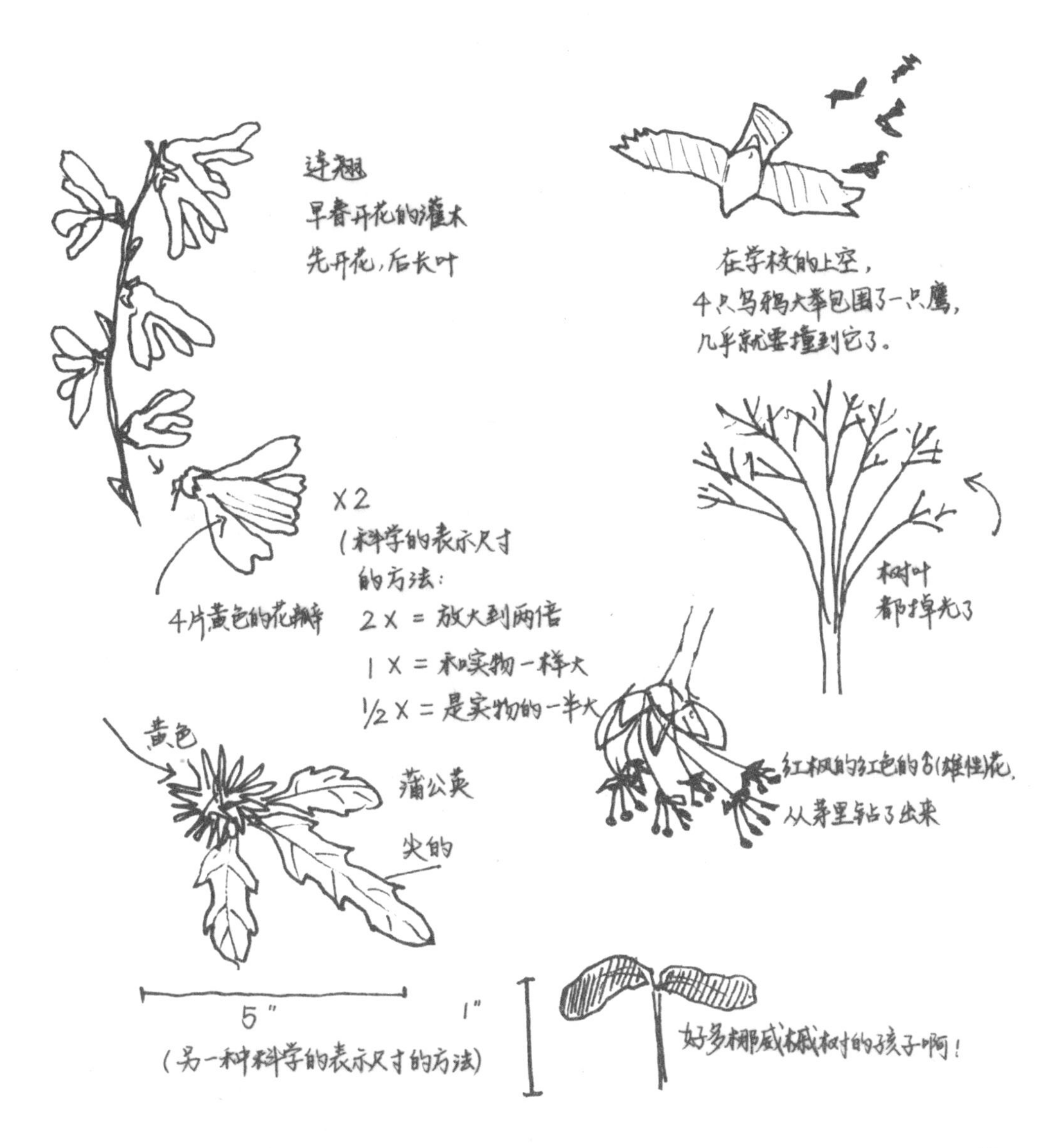

属于你的野外探险

你可以在任何时间、任何季节、任何天气中开始野外探险。不论你一个人去还是和家人朋友都可以。你可以把行囊准备得满满的，也可以抓起一个本子和一支铅笔，说走就走（只要确保有人知道你去哪里，还有你什么时候回来就行）。

在下面的空白处创作你的自然观察日记和绘画

第二部分

抬起头吧，仰望天空

它有轮回，能变四季

我们的天空永远都在不停地变化着，时阴时晴，时雨时雪。从黑夜到黎明，从黎明又到黄昏。不管在哪里，你都可以抬头看看天空。有时候，当我在大城市，或者我觉得不舒服的地方，我会抬起头来，端凝我头上飘浮的云朵，我在想，过去千万年来的人们看到的云朵都是这样的形状吗？无论是从史前时期到航海大发现的年代，还是从工业时代到近现代？

如果我们想思考为什么自然有着无穷无尽的循环，那就从天空开始吧！不管人类在地球上做什么，或者对地球做了什么，我们的星球还是按照它自己的轨道，围绕着太阳不停地运转。每过24小时就会有一个昼夜的交替，每个月，月亮都会慢慢地从月缺变成月圆。不同的季节也在一年中来了又走，带给我们非常明显的天气变化。即使我们现在知道人类的活动会影响气候的变化，地球最基本的循环还是保持不变的。

夜晚天上红，水手露笑容，
早上天上红，水手敲警钟。

— 古谚 —

试着捕捉天空的表情

先在纸上画好一些方格子，然后在格子里画出你当时看到的天空。你可以每天变换不同的时间和地点画，坚持几天或者几个星期，你就能收获一套你的天空表情了！看看天空中的光线、云朵和色彩都有什么变化。一定要记得写上日期和时间哦！

在这记录你的天空表情吧

这是我记录的一些天空表情

5月10日
早上8点
清澈的蓝天
走在去学校的路上

5月11日
下午4点
阳光明媚
松软大团的云朵
我在家里的院子里玩

5月12日
晚上9点
一轮满月
在我的卧室窗外

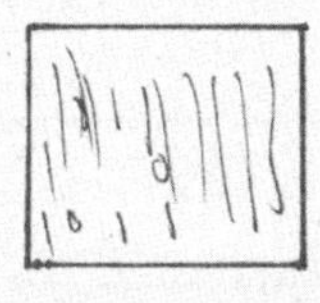

5月15日
中午1点半
下雨了
透过教室的窗户望去

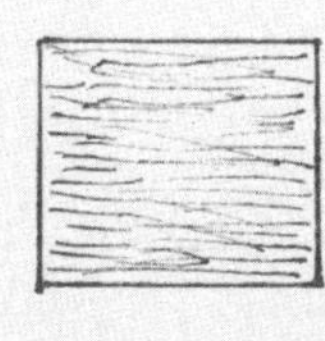

5月15日
下午4点
天阴阴的
灰色的天空，
没有雨了
我在练习棒球

看，天上有什么！

走到室外来，抬头看天，你都看到了什么呢？

写下你现在看到的。有没有小鸟？飞机？云彩？或是被风吹落的树叶？

____

天空是什么颜色的？试着用比“蓝色”更多和更具体的形容词来形容。

____

你能从天空中的景象判断天气的状况吗？

____

____

你能感觉到风吗？它往哪个方向吹呢？

____

____

你能在哪个方向找到太阳？它在天上有多高？

____

____

在这里画下一幅天空的图画吧：

日期：　　地点：　　时间：

读懂云的语言

在过去，人们常常只要抬头看看云的情况，就知道之后的天气会是什么样子。我认识美国佛蒙特州的一个农民，他没事儿就坐在他家的门廊上，观察云朵在他的牧场上空堆积和散开的情况。他能根据对云的观察判断什么时候会下雨，这意味着他得把干草搬进屋了。他能嗅出即将下雨的空气和干燥空气的区别，你可以吗？

我们把云分成三种基本类型：卷云、积云和层云。卷云是那些轻薄、小束的云，而且会在高空中伸展开去。积云看起来就像巨大的棉花球，层云在低空中形成，然后慢慢地在大部分甚至全部的天空中分层，另外，有一些云是这些类型的混合体（可以参考我下一页画的草图）。

你还可以：

* 在图书馆或者书店，找一本关于天气和云彩的野外指导书籍，来更多地了解关于云的形状。你也可以登录有关天气或者云的网站来学习。
* 记录一下在你居住的地方，最常见的云是什么样的？能不能看出不同的云是怎么影响你周围的天气的：是下雨、起雾、下雪、雨夹雪、晴天、下冰雹还是会刮飓风甚至龙卷风？
* 了解一下锋面通常都是从哪里来到你所在的地方的？
* 观察风的力量，并说出它的方向。想一想，风又是怎么影响云的堆积和天气的变化的？

云中的预言：我们的天气会怎么变？

晴天

天上无云肯定是晴天啦！

卷云

高而纤细，像母马的尾巴。看到这种云，很可能要变天了。

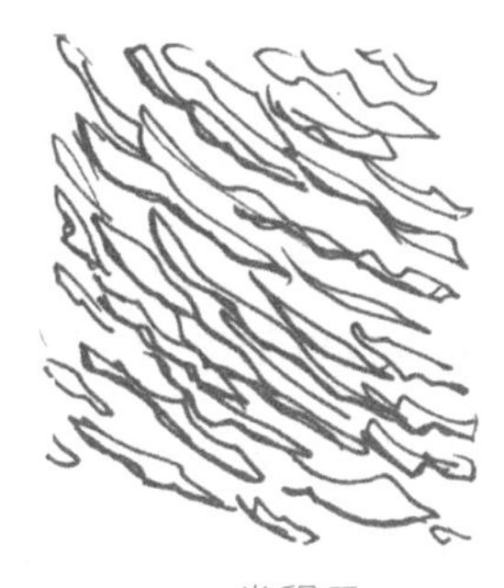

卷积云

天空满是有着微小波纹如涟漪般的云，又叫“鲭鱼天”——这通常表示天气晴朗但是寒冷。

高层云

高空中有层层云片，并且起雾——雨雪马上就要降临了。

积雨云

高高的、蓬松的、有时候发黑——应该要下雨了，还可能会有电闪雷鸣。

层云

低空中穿过层层厚厚的云——这预示着要起雾了！

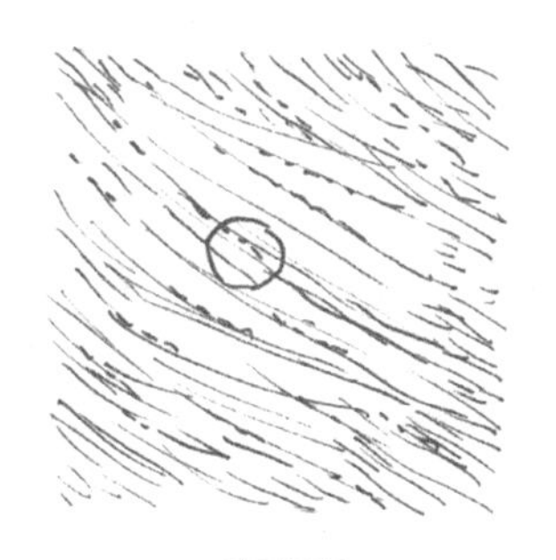

高积云

天上有这种云的话，如果有飞机划过，会留下长长的尾巴——这是天气晴朗的表现。

雨云

灰色的云朵布满整个天空——会有雨、雪、冰雹的来临。

你能在夜晚看到云吗？

天空和天气：我们生活的大背景

观察天空能告诉我们许多关于天气的变化——毕竟，一切天气的来源都是从天而降，天空带给我们阳光、雨、雪、风还有更多各种各样的天气。有些时候，天气会一连许多天保持不变，但同时也可能在几个小时内发生剧烈的变化，比如，早上也许还下着雨，到了下午就是大晴天了。

研究和预测天气很有趣，而且自古以来就是一种很重要的技能。天气会影响很多人的工作，像农民、渔民、建筑工人还有其他在户外工作的人。你可以用下一页的表格来监控一周之内天气的变化，也可以复印几张，一直记录一个月或者更久。

我们把研究和预报天气的人叫作气象学家，即使他们不研究气象。你可以访问国家天气服务网或者世界气象学组织（www.wmo.int）去了解更多关于天气的知识。

暴风雨是巨大的水与气流的结合体

我的天气观察工作表

日期	温度		天气	动物/植物的活动	我在户外做了什么
	最高温度	最低温度			

绘制你居住地的天气地图

我住在大西洋沿岸，马萨诸塞州的东边。海洋带来了丰富的湿气，而且在夏天也会带来阵阵凉风。我们这里四季分明，冬冷夏热。下面这幅地图展示了天气是怎么影响我居住的地方的。

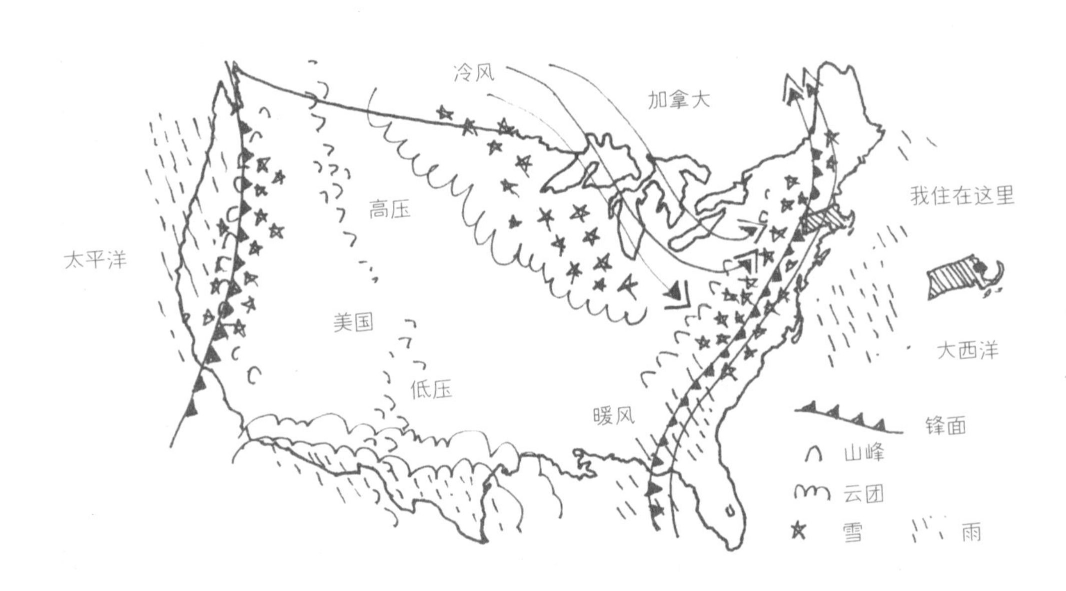

一组天气的历史性数据

* 历史上曾经记录的最高气温是57.8℃，发生在1922年的利比亚。
* 历史上的最低气温是-89.2℃，记录于1983年，南极洲的东方站。
* 1971年2月19日~1972年2月18日，华盛顿的雷尼尔山上下了足足31.3米厚的雪。
* 历史上曾经记载的最重的冰雹有整整1千克，降落于1986年的孟加拉国。

画下你所在地区的天气地图，你有没有住在森林、大山、草原、湖泊、海洋或者沙漠的附近？你所在的地理环境是怎么影响天气的？

为什么天空是蓝色的？

阳光的色彩是由彩虹中所有的色彩组成的。我们通常看到的是白光，那是因为它们全部混合在一起了。但是，如果你对着阳光放一个三棱镜，阳光就被分成彩虹一样的各种颜色。

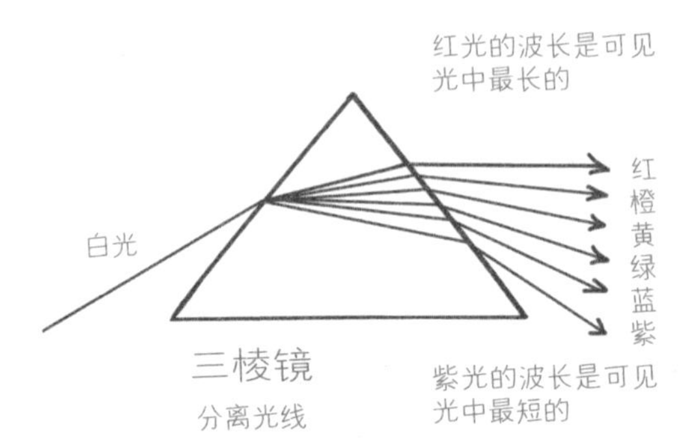

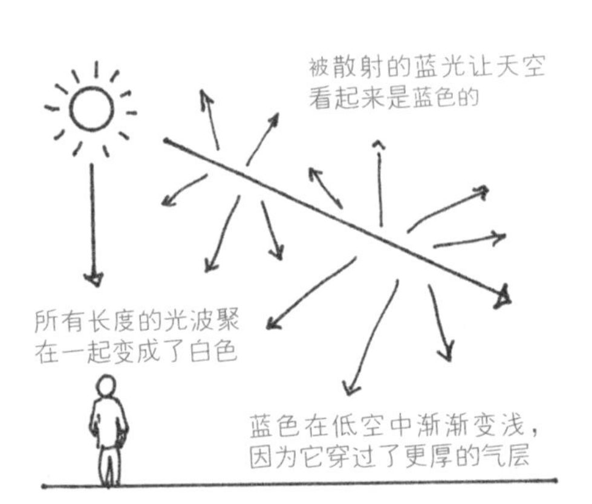

大部分的光线会以不同的波长穿过大气层（在地球外包围的就是大气层），蓝光的波长是在所有色彩中较短的，在遇到灰尘或者气体颗粒的时候，它最容易被散射到空中。因为蓝光是从各个不同的方向被散射的，而不是直来直去被反射，所以天空看起来就是蓝色的。

为什么夜晚的天空是黑色的

在夜晚，没有了阳光，也就没有光线反射到你的眼睛里，所以，天空看起来是黑色的。不过，它也不是完全黑暗的，你还能看到月亮散发出的微弱光芒（月光是从太阳上反射的光线）和点点恒星的星光（恒星其实是离我们非常非常远的“太阳”，可以自己发光），还有几颗行星（它们也是从太阳上反射光线而发光）。

当然，如果赶上下雨、多云或者有雾的天气，你就看不到夜空中的这些光芒了。不过通常情况下，即使是在城市中，你都能找到月亮、一些恒星和一两颗行星（关于月亮的知识，你可以在第78~85页了解更多，在第88~91页我会集中来讲星星的故事）。

为什么黎明和黄昏的天空是红色的？

在早晨或者傍晚，当太阳在天空的低处，它的光线必须得走过更长的旅程才能穿过大气，到达我们的眼睛，那些红色、橙色和黄色的光被大气污染物、灰尘和微小水滴散射到了空中。色彩的浓度和种类取决于颗粒的数量，包括空气湿度（也就是微小水滴的数量）。当太阳渐渐升起，光线到达地面的距离会越来越短，直射的太阳光逐渐变成了白色。

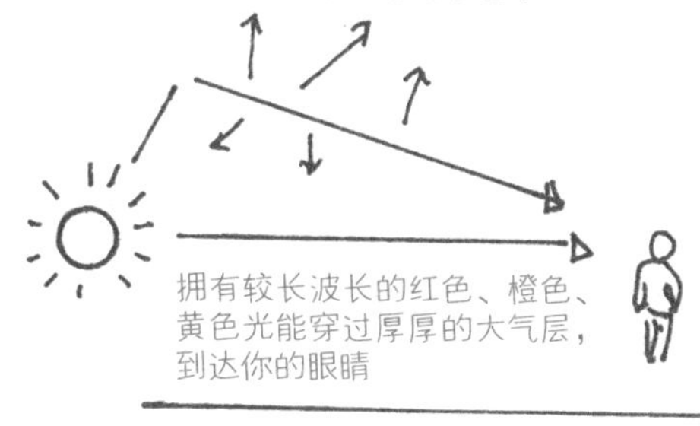

当夕阳西下，你会看到些许的蓝绿色、红黄色的光仍然存在。当太阳完全落下以后，天空会变成越来越深的蓝色，这是因为你只能看到一点点蓝光被散射，而红色、橙色、黄色的光都不见了。

为什么我们能看到彩虹？

一场雨刚刚下完，空气中还有一些细小的水珠（可能还会落到地上），而恰巧这时，太阳又要出来了，每一滴小水珠这时候都扮演了三棱镜的角色，折射太阳的光芒。由于不同的色彩波长不同，你将看到阳光中的七彩被层层分开，这就是彩虹。随着太阳的移动，彩虹也会渐渐消失。

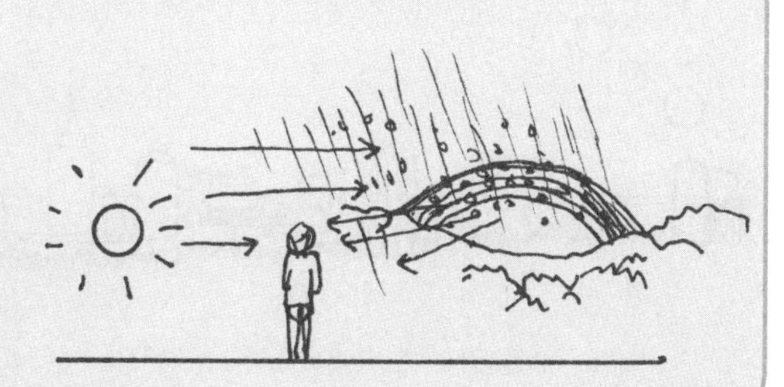

太阳为什么会在天上走来走去?

在一天中，太阳的确看起来会从天空的一边慢慢走向另一边。在早上9点、中午、下午3点或者下午6点，太阳的位置都是不一样的，不是吗？但是，事实上，太阳是不动的！是我们的地球在动，一点一点，围绕着太阳，在一个巨大的、不规则的椭圆形轨道上运动。

就在地球围绕太阳旋转的同时，地球本身也在绕着自己的中轴自转，每24小时转完一圈。地球上的不同地方在面对太阳的时候，就经历白天；在背对太阳的时候，则经历黑夜。更为复杂的是，地球的自转轴是倾斜23.5°角的，这个角度是我们一年中四季变换的根源。

你有没有注意到太阳落山的轨迹是有一个角度的?

你觉得这是为什么呢?

找一个垂直的竹竿、树或者窗台。
将太阳下山的轨迹连成线，然后仔细观察。

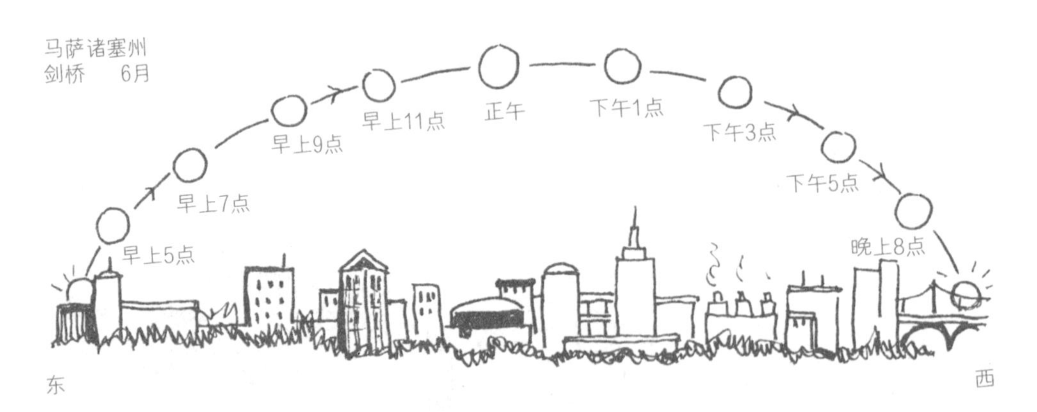

地球围绕太阳完整地旋转一圈需要花上365天，也就是一年。

季节的机密

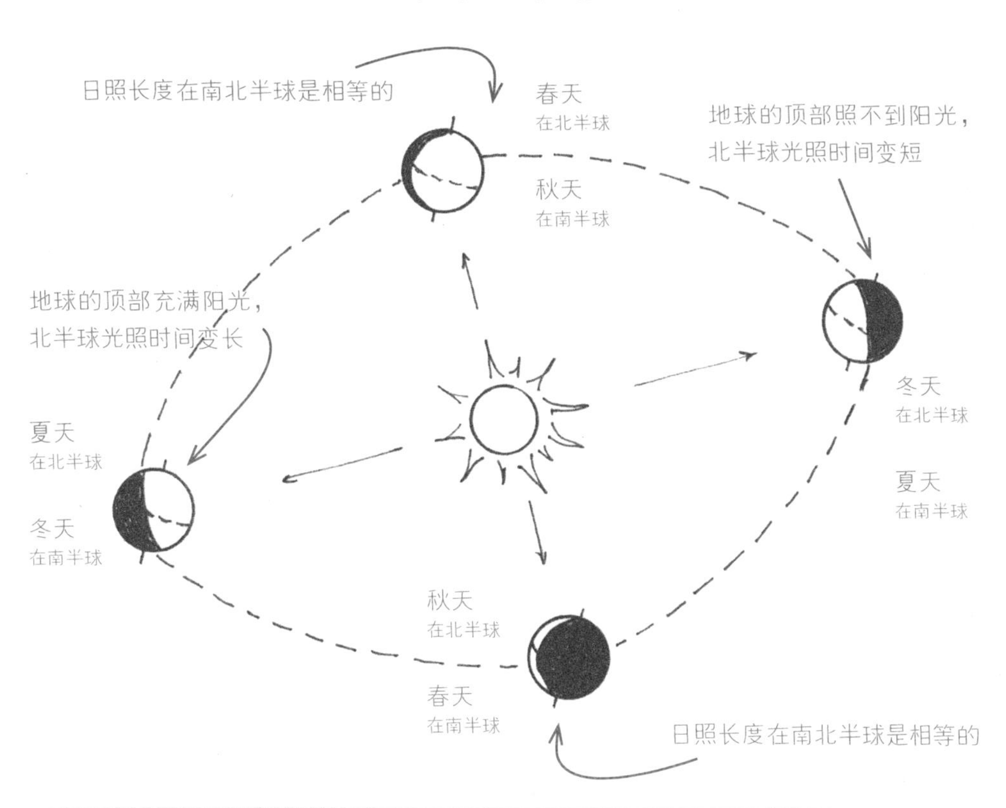

太阳档案

* 太阳实际上是一颗星星——一个巨大的由炙热的气体组成的球体。它离我们有14 960万千米远。如果太阳是一个空盒子，那么需要超过100万个地球才能填满这个盒子！
* 太阳表面的温度可以达到6 000℃。
* 每过一段时间，太阳会释放出一些巨大的能量，这些能量猛烈地冲破太阳表面，被称为“太阳耀斑”。太阳耀斑的威力巨大，可以干扰人造卫星，耀斑还能与地球的磁场作用，产生极光。极光在夜间出现灿烂美丽的光辉。在南极称为南极光，在北极称为北极光。

日出和日落

你知道吗？每天太阳升起和落下的时间会有微小的不同。即使在同一天，不同的地方日出和日落时间也会不同。把你居住的地方每天日出和日落的时间记录下来，再分别把每天的日出和日落时间点连成线。关于每天日出和日落的时间，你可以查询网络、报纸或者农民的年历。一个月以后，你就可以观察到每天日照的长度比前一天缩短或者增加了多少（要是你能找到一个世界上其他地方的小伙伴，你们分别坚持记录一年的日出日落时间，就可以进行比较了）。

在北极圈内

有一次，我前往北极圈内露营，那是在6月。在那里，阳光一天24小时地照耀着大地！在这个遥远的地球北端，太阳环着地平线之上转动，从每年的5月初一直到7月末，太阳永不落下。

北极圈内的夏天
——太阳永不落下
5月到7月

但是你能想象得到这里的冬天是什么样子吗？

没错——将陷入一片无尽的黑暗。因为这时候，太阳已经旋转到了这里的地平线以下。

北极圈内的冬天
——太阳从不升起
11月到来年2月

跟踪记录日照的长度

日期	日出时间	日落时间	日照长度	与昨天的变化

向太阳致敬

想象一下，你生活在遥远的古代，在发现石油和电可以获得光和热之前，当你看到太阳每天出来的时间慢慢推迟，而落下的时间却逐渐提前，留下越来越漫长的寒冷和黑暗……你可能会感到非常恐慌，担心你的家人和家畜无法熬过这个漫长的冬天，这时候，你可能就会向太阳神祈祷，点起火来，祈求光和热重新回到你的土地上。

当太阳真的重新出现，带来新一个季节的光明，你激动地庆祝和感恩这种美好和力量。即使是在今天，冬天我们已经可以非常方便地获取光和热，现代人还是会非常开心地享受太阳的恩泽：看到白天一天天变长，大地又回到了春天，我们光明和健康的源泉——太阳，又一次高高地在天空升起。

天空之神

古人相信，是神灵——宙斯、战神或是托尔(北欧神话中掌管战争及农业的神)——控制着我们头顶上（天上）的事情。古人对诸神祈祷，并向神献上礼物和祭品，盼望神灵能帮助他们，赐予他们好天气。

许多地方的古老文明都会留下石筑的遗址或者其他标记物，古人建造这些建筑是为了“捕捉”每天的第一缕阳光。这种跟随季节变换，记录阳光每天移动的仪式，就是最早的农历。上图是英国的史前时期巨石阵，大约建造于3 500～5 000年前，为了向夏至日升起的阳光致敬。

你可以通过填写下面这个图来记录你在一年四季中和大自然有关的活动。你什么时候会想去滑雪或者冰钓？想去骑自行车或者徒步旅行？想去做运动或者坐在树下，想去游泳或者出去野餐？

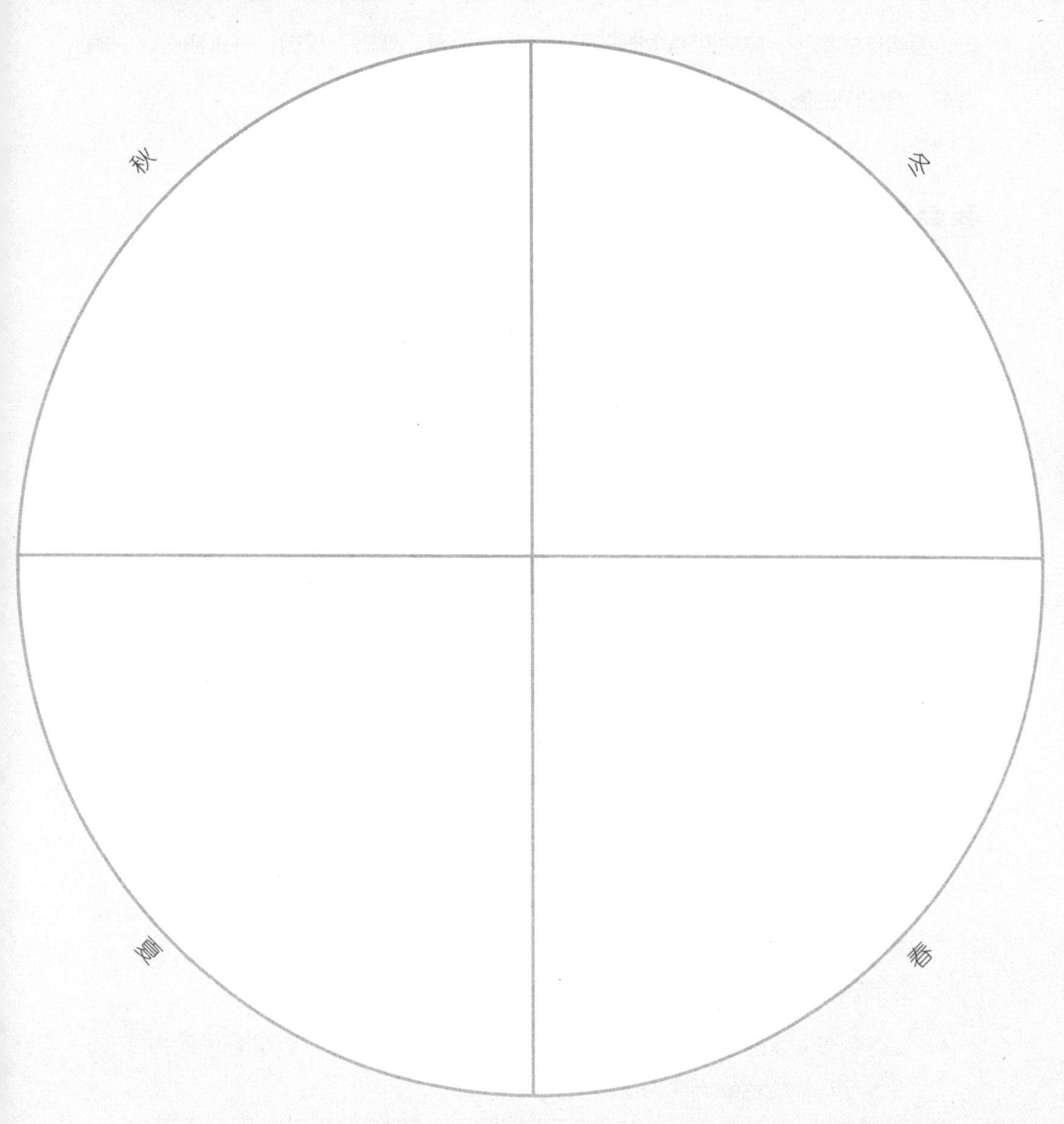

有趣的影子

当一个物体挡住阳光的时候，它就会投下自己的影子。走出家门，去附近转转，看看你的影子，就会知道太阳在天上的什么位置。观察一棵树、一排栅栏、一辆汽车，看它们的影子在地上的位置，记得记下时间和太阳的方位。

我会和孩子们在校园里玩这个有趣的游戏：

背对着太阳，画出你的影子，就像这样：

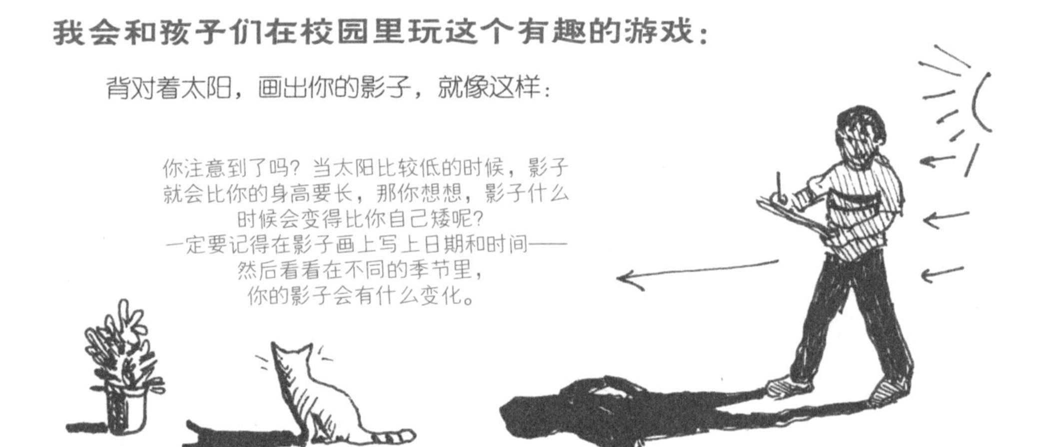

影子游戏

还记得彼得潘把他的影子弄丢以后怎么迷路的吗？如果你弄丢了你的影子，你会在哪里迷路？如果天晴，你就可以玩这些和影子有关的有趣游戏。

* 踩影子：和小伙伴们站在一片空地上，然后，跳起来踩别人的影子，如果谁的影子被踩到了，谁就输了。
* 做手影：用双手和身体的影子来创作一些有趣的形象。试试看，你能不能把影子变成动物的模样？
* 观察倒影：如果你在水边，观察水面上的倒影，它们和影子有什么相似的地方？你能看到一个池塘或者溪流底部的影子吗？

在这页空白处画一幅关于影子的画，或者讲一个关于影子的故事吧。

你能分辨出下面图中的影子是哪个季节或者一天之中的什么时间画下的吗？

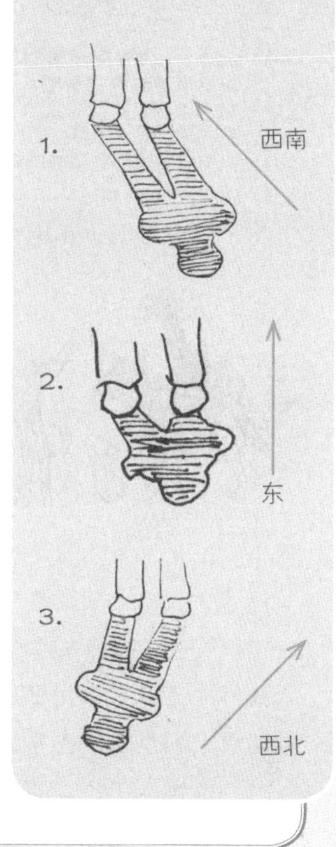

日期： 地点： 时间：

你喜欢黑夜吗？

你怕黑吗？很多人都怕。怎么做才能让你减轻对黑暗的恐惧呢？一个最好的方法就是在夜晚和一个好朋友一起出去，在一个安全的地方静下心来，仔细倾听、观察，慢慢地放松。当你觉得没那么紧张和害怕以后，你可以四处走走（蒙上眼睛走也非常有趣），然后，把你的感受写下来。

我有一次和一个朋友在黄昏时散步，我敢肯定动物都在看着我们，但是我们看不到它们。是因为在夜晚，它们的视力比人类要好吗？你觉得我的狗能看见那些动物吗？

我们大多数人都生活在一个有太多灯光的环境中，以至于我们几乎感受不到白天和黑夜的差别。随着人们消耗越来越多的电能，石油燃料的使用也与日俱增。但是，在这个世界上，还是有一些地方，当太阳落山以后，就陷入一片黑暗。在网上找一张航拍镜头下的世界夜景照片看看吧——真是灯火通明啊！

在这里抒发一下你对夜晚的感想吧：

在晚上出来了几次以后，在下面的空白处画出你印象中的夜晚是什么样的，顺便把你听到的和闻到的也记下来吧。

日期：　　　　地点：　　　　时间：

夜里的动物

很多动物不管白天还是晚上，都会活动，也都会睡觉。你的猫和狗可能就是如此，老鼠、兔子、鹿、狐狸、驼鹿和熊也都是这样。

有一些动物是昼行性的，就是说它们是白天活动晚上睡觉的，松鼠、土拨鼠、蛇、蜥蜴和大多数的鸟类都属于此类。而有一些动物喜欢在夜间活动，我们管它们叫夜行性的动物，其中包括黄鼬、刺猬、蝙蝠、猫头鹰、夜鹰和浣熊等。

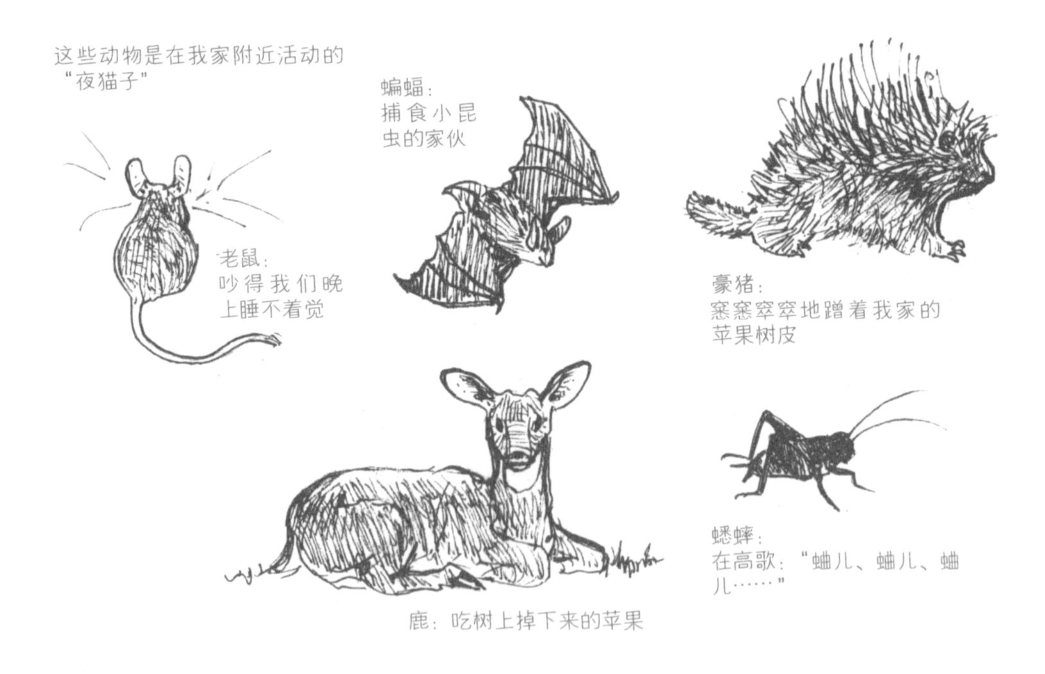

有一些植物也在夜里活动，它们在夜里开花，因为它们的传粉者会在夜间出来，采集花粉。大部分的夜行性植物的花都是白色或者浅色的，这样才能在微弱的月光中看起来明显。而且，很多夜间开花的植物都拥有强烈的芳香，以此来吸引它们的传粉者。

在你周围，居住着哪些夜行性动物呢？你可能不常见到它们，但是你也许能看到它们居住的痕迹：黄鼬有时在新的雪地上留下两行脚印，浣熊会留下几乎全由果核组成的粪便。

横斑林鸮

在这里画出你家附近的夜行性动物吧：
（或者粘上它们的肖像画也行）

日期：　　　　地点：　　　　时间：

为什么月有阴晴圆缺?

千万年来，地球上的人们一遍又一遍地目睹了月亮渐渐变圆直至满盈，然后再变亏缺的过程。而且，每当满月时，你看到的月亮表面的样子和几百万年前的人们看到的一样。这是因为，月亮总是用它的同一面对着地球。

虽然月亮看起来在不停地改变着它的面貌，可其实它永远是只有一半的球体被太阳照亮，就像地球一样。它不断变化外形的原因在于，月亮围绕我们旋转时所处的位置一直在变。我们只能看到月亮能反射太阳光的那一部分表面。

月球完整地绕地球旋转一周需要27.3天的时间（下页将具体讲到）。古往今来，人们观察到了月亮神奇的变化轮回：从新月到一弯月牙，再到半圆形，最后慢慢变成一轮满月，之后，又重新渐渐变成月牙形直至新月形。

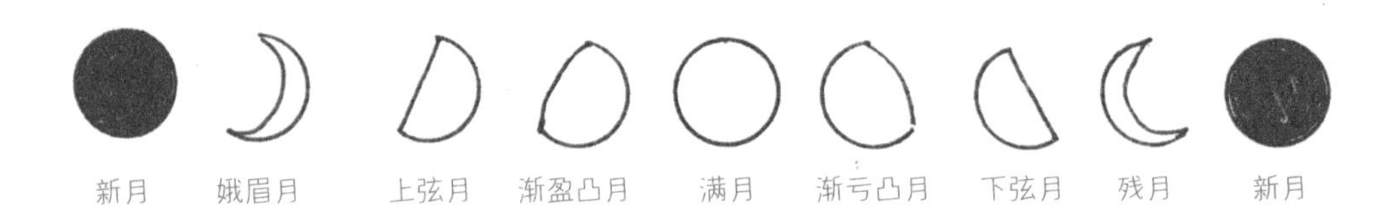

“疯子”(lunatic)这个词(经常简写成“loony”)来源于拉丁语“lunaticus”，意思是“发狂的，迷乱的，月色撩人的”(moonstruck)。因为人们一度相信，满月会让人变得疯狂！

月相

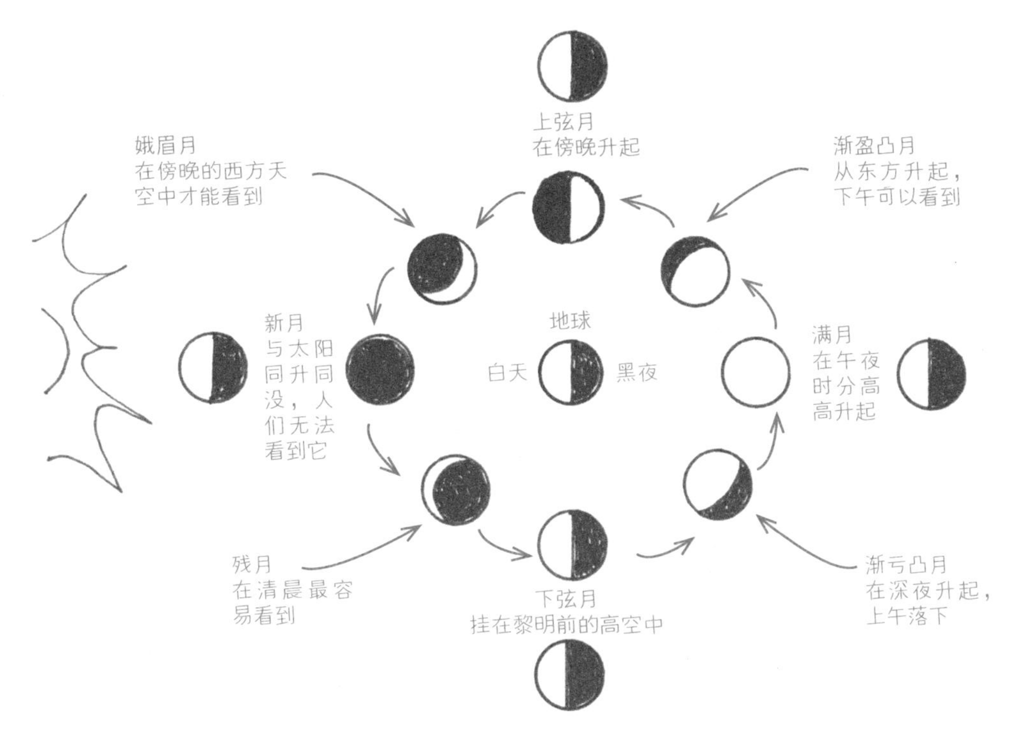

你还可以

* 寻找不同文化中关于月亮的神话和传说。比如，在希腊神话中，太阳神阿波罗和他的孪生妹妹，月神阿尔忒弥斯，是宙斯的孩子，他们都是最重要的神灵。
* 在满月的晚上，你能听到什么动物的声音？在美国佛蒙特州的乡下，我们听见了小狼的号叫，还有横斑林鸮“呶呶呶”的尖叫声。
* 勾勒或者绘制一幅关于月亮的画。
* 写一首关于月亮的诗歌。
* 有一些地方的文明和教派至今仍然使用一年13个月的农历，而不是12个月的阳历。你能找到把一年划分成更多月份的古代文明吗？

为月亮记日记

查出在你住的地方，今天的月相是什么，还有，月亮是什么时候升起和落下的，你可以利用网络资源或者天文年历查询。接下来的一个星期，请你坚持记录下这些时间。

在月亮升起来以后，如果天还不算太晚，而且天空能看得很清楚，你可以立刻出门去观察。确保不论白天和晚上都要注意观察，因为，有时候月亮的升起和落下可是在白天进行的。

时期和时间	月相图	升起的时间	落下的时间	我的观察地点
11.10 下午5点半		早上9点14分	晚上6点19分	在学校的运动场上，我看到了月亮在西方慢慢下沉
11.15 下午4点15分		午夜12点05分	夜里11点31分	我走在马萨诸塞州的大街上，看到了西南方升起了月亮

月球档案

* 月球的表面其实是深深浅浅的灰色，但在我们看来，月亮是那么的皎洁，那是因为太阳的光芒反射在了它的上面。
* 月球以每秒1.022千米的速度围绕着地球旋转，每转完一整圈得花上27.3天。
* 科学家们提出了几种关于月球起源的假说。其中一种是一颗巨大的流星撞向地球，剧烈的冲撞撞出了一个掉入地球轨道上的碎片，然后这个碎片逐渐形成了月球。你也可以自己查询资料去找一找其他的假说。

月亮日记

时期和时间	月相图	升起的时间	落下的时间	我的观察地点

每个月亮都有自己的名字

一些美国的原住民部落为每个月的满月都起了名字，这些名字反映了在特定的季节中他们的生活内容。这些是生活在北美的阿尔冈琴族人使用的月份名字：

* 1月：狼 / 饥饿之月
* 2月：雪之月
* 3月：蠕虫 / 树汁之月
* 4月：青草 / 蠕虫之月
* 5月：鱼 / 盛花之月
* 6月：炎热 / 鲜花之月
* 7月：草莓 / 干草之月
* 8月：雷电 / 玉米之月
* 9月：玉米粒 / 丰收之月
* 10月：玉米粒 / 猎人之月
* 11月：丰收 / 海狸之月
* 12月：海狸 / 长夜 / 寒冷之月

你能猜出来阿尔冈琴族人为什么会使用这些名字吗？你能从中看出他们的生活习俗吗？你可以去查一查关于这个部族或者你感兴趣的其他部落的资料，看看能找到什么答案。另外，读乔瑟夫·布鲁克的书，可以让你了解到许多美国土著的文化，我特别喜欢他的那本《龟背上十三个月》。

你也可以读一下潘妮·波洛克的《当月亮是圆的》，还有我自己的书《一年的自然》。

如果你能根据每个月你家里或者学校里发生的事情来给月亮起名字，那将会是一件非常好玩的事情。我的月份名字一定是这么起的："新年之月、寒冷之月、泥巴之月……"

在这里写下你的月份名字吧：

1月 ______

2月 ______

3月 ______

4月 ______

5月 ______

6月 ______

7月 ______

8月 ______

9月 ______

10月 ______

11月 ______

12月 ______

一般来说，每个月只会有一次满月。但是在有些年份，会出现13次满月。因为有两次发生在同一个公历月份中。俗语"出蓝月亮的时候"（once in a blue moon）就是指发生了一件千载难逢、极其罕见的事情。

食：发生了什么事？

你看到过月食吗？如果你不明白这是怎么回事，很有可能会被吓到。“食”字的意思是“遮蔽，隐藏”，而月亮的确看起来像是被一块黑布给遮起来了。如果夜空是晴朗的，在月球围绕地球公转时，你就能看到地球的影子快速地掠过月球（大概需要3~4个小时），这看起来会有点儿恐怖，月亮会变成暗血红色，这是地球大气层中的微粒所造成的。

在古人眼里，如果发生了月食，那就预示着一定会有非常壮美或者非常可怕的事情即将发生。现在，我们虽然已经知道了其中的原因，但仍然为这一时刻所着迷。

记得有一天晚上，我在看圣路易斯州举行的职业棒球赛，当时红雀队和波士顿红袜队在争夺冠军，而恰好在那时发生了月食，体育频道在播放比赛的过程中不时地插播月亮不断变化的色彩，最终，红袜队赢了——多么难忘的一个夜晚！

你不用对眼睛做任何防护措施，就能放心地观赏月食的景致，但是千万不要直接去用裸眼观察日食，因为太阳的光线太强了，会让你的眼睛受伤甚至失明！

关于“食”这种天文现象，你可以登录http://eclipse.gsfc.nasa.gov网站了解更多的信息，其中包括科学家预计的下一次日食或月食发生的时间哦！

月食（在夜晚发生）

月食只可能发生在满月时。当地球运行到月球和太阳中间，此时的太阳、地球、月球恰好处在同一条直线上，这样，在月球和地球之间的地区的人们，会因为太阳光被地球所遮蔽，看到月食的现象。

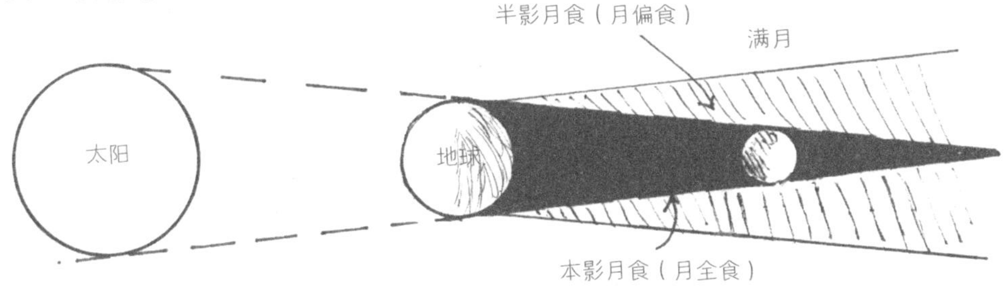

日食（在白天发生）

当月球运动到太阳和地球中间，三者正好处在一条直线上时，月球就会挡住一部分太阳射向地球的光，这时候好像太阳的一部分或全部消失了，也就是发生了日食现象。

日食中，日偏食是比较常见的，当发生日偏食时，阳光会变得有点儿奇怪的黯淡，同时，气温会降低，鸟儿也不再歌唱，好像到了夜晚一样。在日全食的时候，太阳会被全部遮住，世界一片漆黑。顺便说一下，“umbra”的意思是“荫蔽或投影”，所以，现在你明白了，“伞（umbrella）”字的意思就是一块小小的遮挡布。

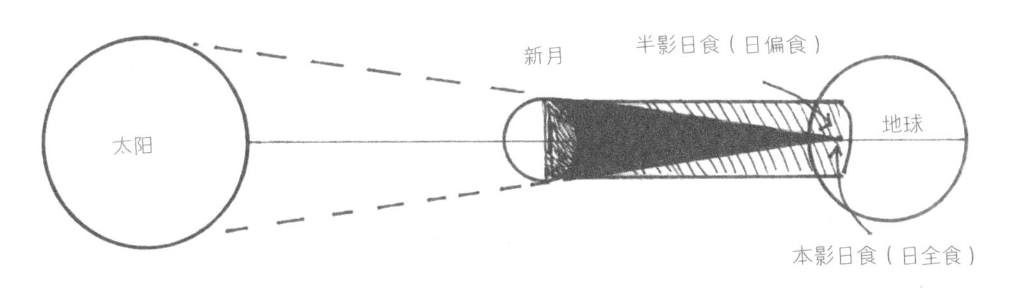

潮涨，潮落

如果你住在海边，或者看过大海，哪怕潮沼盐泽也行，有没有注意到一个现象：水位在一天中会随着潮汐的涨退而变化。潮汐在所有的大海都会发生，甚至在大型的活水水体中也能发生，只是它们发生的频率和深度不同。有一些地方的古人相信，这是因为海底有一个巨洞在每天吞吐着海水，或者海底有一个巨大的水怪在每天反复地吸水。

事实上，潮汐发生的真正原因来自于天上——月亮和太阳控制着潮汐的循环。这两个天体，再加上地球，它们之间强大的万有引力决定了涨潮和落潮的时间以及涨幅的高低。

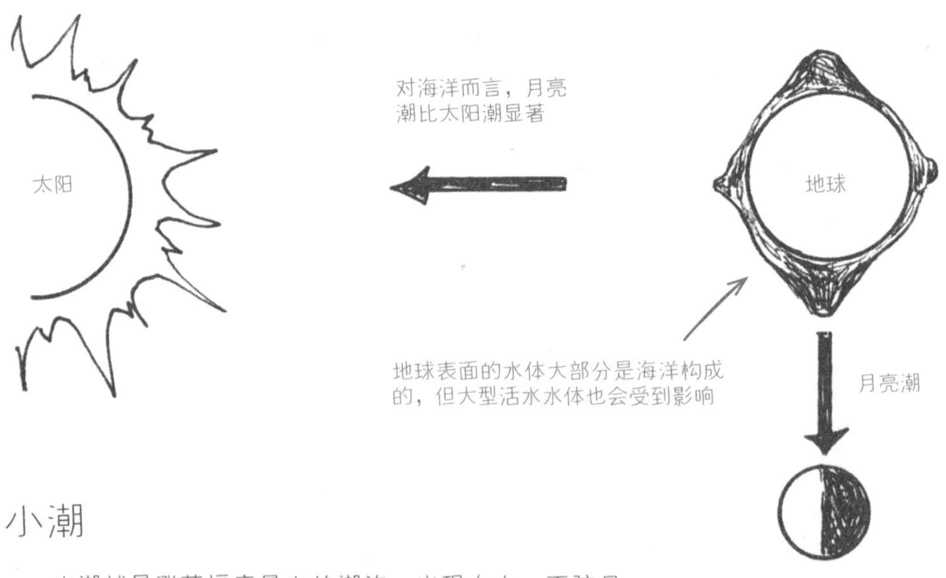

小潮

小潮就是涨落幅度最小的潮汐。出现在上、下弦月那天，这时候月球、太阳和地球三者构成了一个直角三角形，日月之间的连线为斜边。因月球与太阳的引潮力部分互相抵消，形成潮差较小的潮汐。

大潮

大潮发生在满月和新月时分，当太阳和月亮都在地球的同一侧，它们对地球的引力有叠加的效果。

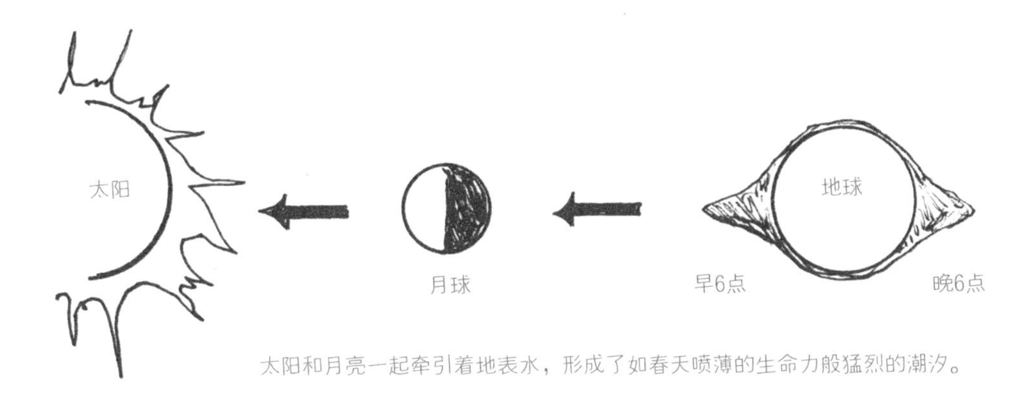

太阳和月亮一起牵引着地表水，形成了如春天喷薄的生命力般猛烈的潮汐。

潮汐档案

* 在太平洋沿岸的巴拿马运河，潮差在3.7~4.9米之间，而在大西洋沿岸仅为0.3~0.6米。
* 芬迪湾位于加拿大的新斯科舍省和新不伦瑞克省之间，那里的潮差可达15.24米高。
* 近地点大潮是一种特别大的浪潮，它发生在月相为新月并且月球离地球最近的时候，这种潮汐每18个月才发生一次。
* 遇到涨潮，尤其是在暴风雨中涨潮，潮水会冲上海岸和道路，甚至冲垮水位线附近的房屋。
* 你可以登录海洋与大气管理局的网站（www.oceanservice.noaa.gov）去了解更多关于潮汐的知识。

凝视星空

夜空有着它自己独特的美丽，不过，在屋子里可体会不到。所以，你得走出来，站在阳台上、车库旁，走到人行道上或者附近的野地、公园里，总之，找一个最黑暗的地方，抬头仰望。你看到了什么？月亮？有星星吗？能看到行星吗？甚至整个银河？

你可能还会看到一架飞机，一颗慢慢移动的卫星，如果你知道正确的方向，也许还能看到火星和金星，你甚至可能看到彗星或者流星。要是你所在的地方夜里有太多的灯光，就不容易看到这些星星了，但即使是在城市中，一般也可以看到猎户座、大熊星座的北斗七星、金星、火星和木星。

银河是包括我们的太阳和太阳系在内的整个星系。它是由亿万颗星星在空中连绵延伸组成的，看起来像是一条闪闪发光的丝巾。

你可以通过查阅野外观察手册，或者制作星空状况表，然后每天填写记录，来得出在你身处的地方，星空在不同的月份和季节都有什么变化。

别忘了带上手电筒，这样你才能填表哦！

你知道占星术是怎么回事吗？占星家可以根据行星和恒星的位置关系来解释和预测命运。圣经里跟随巨大恒星向西到伯利恒(耶稣降生地)的智者，可能就是占星家。现在我们认为，他们应该是看到了一组靠得超级近的行星，包括火星、木星和土星。

你还可以

* 阅读《星空黄金指南》，了解更多关于星星的知识；或者去当地的天文馆看看，每个季节晚上的夜空是什么样的；登录www.darksky.org网站，里面有一些很棒的指导建议；去当地的书店买一份星空记录图纸。

* 打听一下，你那里有没有天体观察的兴趣小组。有许多的业余天文学家会组织大家进行观星活动。

* 你可以根据星星的方位来找到回家的路吗？几个世纪以来，当水手、猎人、旅行者和徒步旅行者们在没有指南针，甚至没有地图，更别说GPS（全球定位系统）的情况下，他们都会借助星星的位置来辨别方向。加拿大巴芬岛上的冬天是漫长而黑暗的，这段时间，那里的因纽特人只能靠月光和星光来打猎。

* 利用星空运行表或者星空指南来帮助你判断，在不同的季节和时间里，行星、星座和银河的位置。

天文学家入门级题目

（天文学家以研究天体为己任）

在夜空的北方，最亮的那些星星叫什么名字？

恒星和行星的区别是什么？

彗星和流星有什么不同？

认识星座

在很久很久以前，古人为了消除对宇宙的疑惑和恐惧，把天空中一群群位置相近的恒星组合唤作一个个星座，根据它们在天空中的轮廓起了名字，并编写了许多神话故事。大部分的星座，比如猎户座、飞马座和仙后座，来源于古希腊、古罗马和古埃及的神话传说。这些“星星的形状”至今仍在我们头顶显现，千万年来，未曾改变。

一夜之间，由于地球自转的原因，星座看起来在我们头顶以弧线形的轨迹移动。而一年之中，随着地轴角度相对于太阳位置的变化，星座有规律地在夜空中升起又落下。这同时也是四季变化的原因。

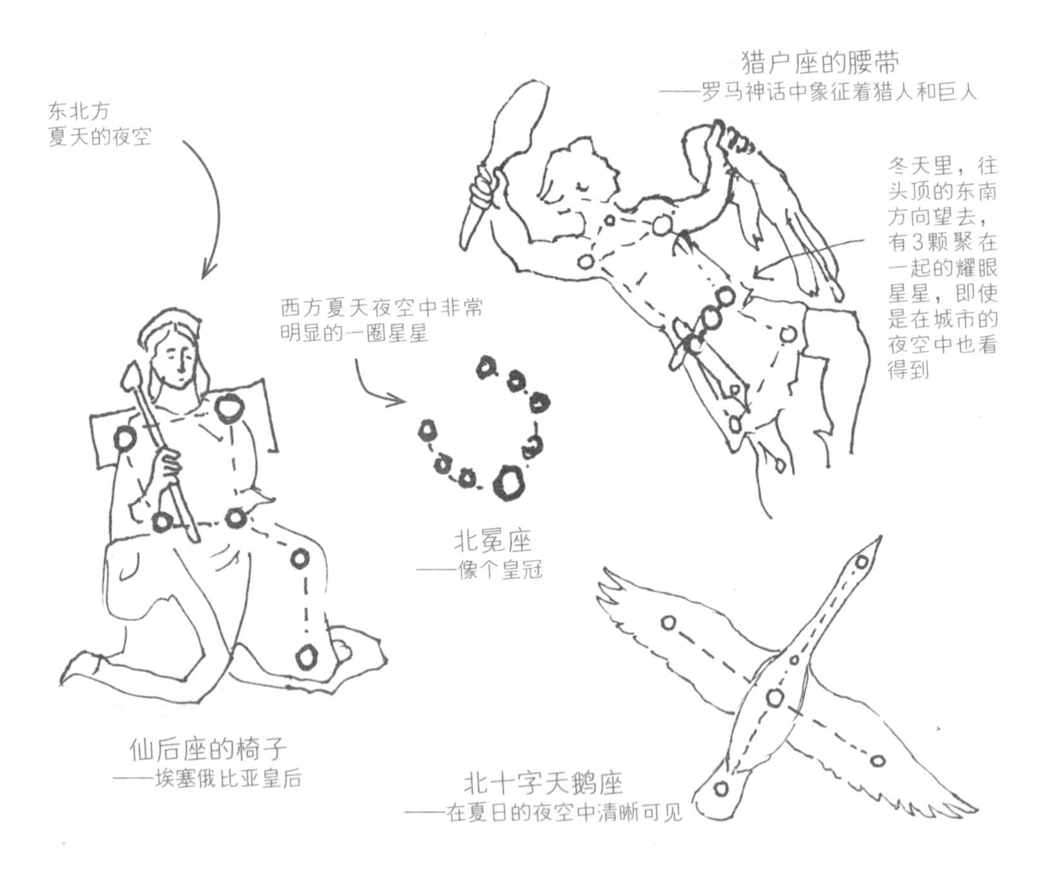

认识你能看到的3个星座。找一份星图作参考，把它们画在这里。记得标明它们在天空的哪个方位，还有你看到这些星座时的时间。

在南半球，人们看到的星空图案和星座是和北半球不同的。

日期：　　　　　　地点：　　　　　　时间：

为天空作诗

我们因为总是在屋子里待着，而错失了大把美好的时光，尤其是晚上的。一天24小时的自然循环，夜晚其实和白天一样重要。为天空写一首诗吧，也许是从你卧室窗外望见的风景，也许当你路过邻居的院子、打棒球，或者当你躺在自家院子里的感想。

其实作诗可以短到只有一句话，也可以想写多长就多长，也不一定非要合辙押韵，就像这样：

蓝天，
你就在那儿，
默默地给我安详。

雪，
好大的雪，到处是雪，
白茫茫的雪！什么时候你才能停下脚步？

下面这首诗是在我去离家很远的镇上教学，忙碌了一天之后，回家的路上写下的。当时我只想赶紧回到宾馆，好好睡上一觉，但我还是习惯性地先朝窗外望了一眼。那是下午4点40分，11月的一天，在西面，越过建筑物和繁忙的高速公路那边，我看到了一次激动人心的日落，这个过程在天空的西南方，缓慢而遥远。这幅速写和即兴创作的小诗让我可以留住这段回忆。

疲倦一扫而空，
橙、红与湖蓝交织在一起，翻滚着，
在如织的车流上空起舞。
我一直看到天黑，目不转睛，
完全被这未经邀请的美丽震慑，
在我住的旅馆的第十七层房间里。

在这里写下你的天空之诗吧（或者故事，如果你更喜欢写故事的话），并画图说明解释一下。不管是关于冷还是热，下雨、下冰雹还是下雪，白天或是黑夜，随你所见，没有限制。

日期： 地点： 时间：

第三部分

一年里的12个月

自然日记，分月指南

博物学家们一年到头，不论风吹日晒都在外面研究自然。因为，只要肯调动自己所有的感官，大自然中总有什么是值得你去看和去做的。这一部分我们将分月来讲，内容包括每个月你如何发现新事物的建议，每个月将要面临的挑战，还有每个月你需要学习的东西。其实，大部分的活动是不管哪个月都可以做的，所以，你可以随意地使用这本书，不一定拘泥于具体的月份。

你会发现，有很多方法都可以记录观察到的事物。书中的各种表格就是物候学记录表格的范例。物候学又是什么呢？简单地说，它是研究生物周期性事件的季节时间表。当你记录一种花开的日期，一种昆虫孵化的时刻，或者一种候鸟出现在它的巢穴旁的时候，你其实已经在进行物候学研究了。这些日期可不是每年都一样的，因为动物和植物的生活会受到天气条件的影响，比如每天的光照时间长短、温度高低、下多少雨都会影响到这些日期的前后变化。通过追踪这些季节性变化的时间表，你就可以看出气候、天气和温度是如何改变这些自然现象的。

全世界有许许多多的科学家在从各个角度研究、试验、观察我们的世界气候和环境是如何变化的。但是你可能不知道的是，有很多知识也来自于那些认真观察自然的人——他们并不是科学家。所以，你也可以参与到这项伟大的研究中！

这里和你分享一种开启自然笔记的方法。我会从“发生了什么事？”开始提问，然后，走进大自然里去写生。只要我愿意，我就会去记录我的观察。你也可以根据你的年龄、兴趣和时间来调整这个方法，或者创造你自己的方法！

1月

JANUARY

逃离严冬

你知道吗？我们每个月的名字都是由古罗马皇帝尤利乌斯·恺撒（即恺撒大帝）在公元前1世纪命名的。直到今天，我们仍然使用这个日历，只不过增加了闰年，以弥补地球实际公转周期和这个历法的时间差。在有些地方，人们用月亮圆缺的周期来谱写年历，又或者用旱季和雨季、生长季和收获季来区分季节。

1月是根据两面神（Janus）的名字而命名的，他是古罗马神话中掌管门径、开始以及太阳升起和落下之神。他被描绘成在相反方向拥有两张脸的模样，这对于1月来说很合适：他既可以回顾过去的一年，又可以迎接新的一年。

不过，查看年历，或者日出日落记录表格中的12月和1月。你会发现，从12月初开始，太阳会一天比一天落下得晚，白天一点一点地在变长。事实上，自从过了冬至那天，日出就逐渐提早，日落也逐渐推迟，给我们的1月带来越来越多的光明。

请接受大自然的节奏，
她的秘密便是耐心。

— 拉尔夫·沃尔多·爱默生 —

我的自然笔记

日期:	时间:
地点:	温度:
天气情况:	
月相:	日出时间:
	日落时间:

看看窗外的景色或者出门走走，简要地记下你的见闻。你可以画画，也可以描述当时的感觉。

你能从大自然中发现什么？

每个月的开始，去四周好好地观察身边的自然吧。散步时，你尽可以睁大眼睛、竖起耳朵、张大鼻孔去搜寻，有什么现象透漏了这个季节的消息？试着在不同的日子来寻找，看看每一次你的答案有没有变化？

你能发现这些吗……	描述你注意到的现象
□ 有人在冰上钓鱼	
□ 树林中有烟火的味道	
□ 鹿在小口地啃着树皮	

你还能发现什么？

□	
□	
□	
□	
□	
□	
□	
□	
□	
□	

属于1月的图画

从你的日记中选择一到两个（或者更多）事物，把它画在这里，或者把它的照片贴在这里。

日期： 地点： 时间：

温血动物怎么过冬

漫漫寒冬，动物们总有很多办法来抵御寒冷和寻找食物。温血动物（又称恒温动物），包括哺乳动物和鸟类，它们靠把食物转化为热量来控制体温。在寒冷的冬季，它们必须多活动来让身体暖和，并且要努力吃得饱饱的，在最糟糕的天气，还得找个能挡风遮雪的地方躲起来。

冬眠是怎么一回事？

只有极少数动物会真正冬眠，这意味着它们的呼吸、心跳、体温和新陈代谢的速度都会极度下降。这些动物有自己内在的生物钟，它会告诉它们什么时候该进入冬眠，什么时候该醒来。在冬眠中，它们睡得如此之沉，无论你用什么办法也弄不醒。

在这种昏昏沉沉的状况下，冬眠的动物缓缓地消耗自己的能量。这些能量来自于身上一层厚厚的脂肪，这可是它们整个夏天和秋天辛辛苦苦攒起来的肥膘啊！

真正的冬眠者包括蝙蝠、土拨鼠（也叫旱獭）、大多数的地松鼠和一些小型啮齿类动物。而有些动物，像熊、臭鼬、浣熊和负鼠则被称为深度睡眠动物，而不是冬眠动物。它们也会有很长一段时间沉沉睡去，不过在天气暖和的日子里，它们就会醒来找点吃的。有些动物还在它们的洞穴里储藏了食物。

随着全球气候逐渐变暖，科学家们正在观测那些真正冬眠的动物，看看它们从冬眠的洞穴里出来的时间有没有比过去提前了。

有羽毛的朋友们

在室外，即使是在寒冷的冬天，我们也经常能见到许多种鸟儿，它们在树林间穿梭，停歇在电话线上，又或者在草坪和游乐场上踱着方步。鸟类能安然过冬的秘诀在于它们食性很杂，各种种子、灌木上的水果、藤蔓、昆虫、牛羊板油和鸟食都是它们的美餐，甚至连垃圾车和野地里的垃圾也能充饥。至于保暖，风大的时候，它们会明智地寻找庇护，并且会把羽毛抖松，来保存贴近皮肤的那层热空气。

主红雀

有一本很有趣的有关保暖的童书，就连大孩子们也非常喜欢，它的名字叫《阿加莎的羽毛床：绝不仅仅是另一个野鹅的故事》，作者是卡门·阿格拉·迪地。

冷血动物的御寒策略

冷血动物（又叫变温动物）包括鱼类、爬行动物、两栖动物、蜘蛛和昆虫。这些动物不能控制自己的体温，它们的体温随周围的气温变化。夏天，如果气温过高，它们会躲在角落或缝隙里避暑；而在清冷的早晨，它们必须得寻找阳光，好让自己暖和起来。

冬天来临时，冷血动物会变得很迟钝，这很危险，所以它们必须得找个庇护所，安安静静地度过这段天寒地冻的日子，也就是“冬眠”。这段时间，它们的体温会下降到接近冰点，呼吸也会非常微弱。事实上，一些青蛙和昆虫的体温甚至会降到冰点以下，不过不用担心，它们会在体内制造出一种名叫甘油的防冻剂，这样就可以避免冰冻伤害到细胞了（很聪明，是吧？）。

有一些动物，比如哺乳动物和爬行动物，会在夏天非常炎热或者水源匮乏的时候进入一种近似“昏迷”的状态，这种抵御炎热的生存策略被称为“夏眠”。

很多昆虫，例如蟋蟀、蜻蜓、蚊子和蛾子，是无法挨过冬天的酷寒的。在它们死去之前，会在一个安全的地方产下卵或者幼虫，等春天一到，这些后代就会孵化。另一些昆虫，比如苍蝇、瓢虫和大蚊，会以成虫过冬，它们的办法是躲进树皮的缝隙中、将叶子卷起来藏身其中，甚至藏在人类的房间里或者其他建筑物中来躲避严寒。

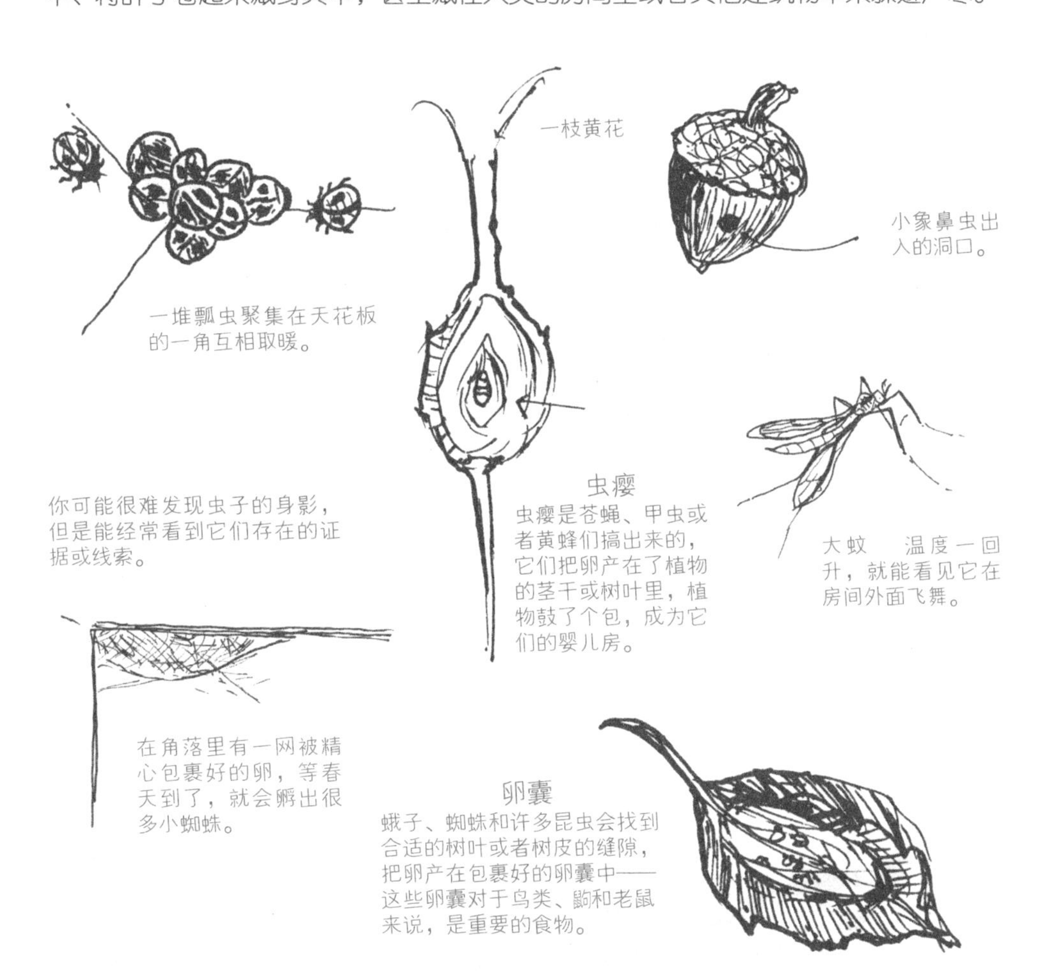

黑脉金斑蝶是极少数迁徙昆虫之一，它凭着柔弱的翅膀就可以飞行上千千米的旅程。想要了解更多信息，请登录www.journeynorth.org。

穿好棉衣，叫上伙伴，去寻找冬天的快乐吧！

下面这些活动很适合在1月进行，有些自然中的现象也是这个月最容易发现的。到月底的时候回顾一下，看看这些事儿你是不是都做过了？

- □ 列出1月份你身边所有在活动的温血动物名单。想想看，它们都做了什么来保证能在冬天存活？它们在哪里躲避严寒？用什么填饱肚子？

- □ 建立一个1月份的天气档案，每天坚持记录：日期、天空和云的状况、气温以及你记录的时间、日出和日落的时间、月相（参照97页讲到的术语）。

- □ 安静地散一次步，可以自己一个人，也可以和朋友一起。不要说话——只听和看就好。其实，只要你愿意，哪怕只是沿着街区散步，也能探索自然。记下你听到的声音和感兴趣的事物吧。

下午2:30
1/16
雪团挂在树枝上

上午11:30
1/4
拥有美丽轮廓的干草

下午5:30
1/20
雪花落在我家小狗的背上

□ 到一个你有一阵子没去过的地方走走：也许是一处本地的树林，一个干涸的河床，一块多石的裸地或者海岸上的一片沙滩，它们看起来和夏天有什么不同？当你回家以后，为它们画一幅画吧，一定要记得写上日期和地点哦！

□ 拿上一张纸，一支笔，向窗外看去。列出你看到的所有人造物体和自然景观。“人造”物可能包括水泥人行道、电话亭、汽车、房屋等。“自然”物可能有人行道上的冰、枯草、地上的松果，还有岩石上的积雪。

□ 把自然带回家。你可以用当地的植物或者动物创作一幅壁画。用泥土或者纸板做一个你最喜爱的动物模型也会非常有趣！

雪人算什么呢？
哈！他既是人工的，也是自然的！

□ 翻读一本好书。你可能已经看过埃尔文·布鲁克斯·怀特的《夏洛的网》，其实，《吹小号的天鹅》也是他的杰作之一。这本书讲述了一只生来就是哑巴的小号天鹅（黑嘴天鹅）和一个帮助它的男孩之间的故事。这是一个童话，但是书中对大自然和野生生物的描写却相当精彩。还有一本很棒的纪实文学，名叫“城市中的鸟巢”，作者是芭芭拉·巴什，讲述了鸟类如何在城市中生活的故事。

画出你眼中的自然：哺乳动物

虽然成为一个博物学家并不需要具备高超的绘画技巧，但是能把你观察到的事物画下来不是很有意思吗？这听起来很难，不过只要你仔细分析就会发现，大部分动物的身体都可以分解为几个简单的形状。

灰松鼠

1.大部分哺乳动物可以用圆圈来概括成臀部和肩部的结构，然后再用一个椭圆形把这两部分连接起来，表示躯体。

2.粗略地勾勒出腿部、尾巴和头部，注意各部分之间的比例要协调。

3.像皮毛、眼睛这样的细节部分最后再画，你可以多花点时间在这些“点睛之笔”上，这样你笔下的动物就更有神了。

北美黑尾鹿

用简单的打底轮廓线定下正确的比例，这很关键!

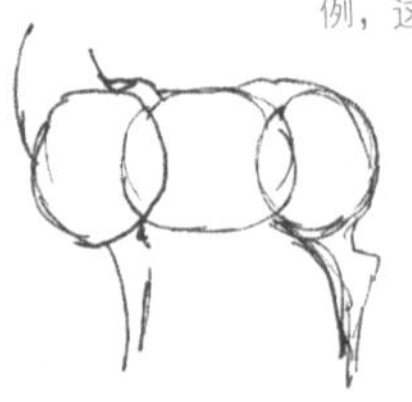

1.先画出肩部、臀部和躯干这三个部分，在野外就可以完成。

2.将头部的结构用立方体的形式画下来，这样，你在画眼睛、鼻子、耳朵就会比较容易找准位置了。

3.把一开始打草稿的线条擦去，把皮毛和其他的细节补充好就大功告成了！

你的画可以要多细致有多细致，也可以要多粗放就多粗放——毕竟每个人都有自己的风格嘛，最重要的是要用心观察和记录你所看到的。你也可以对着书中或者杂志上的照片练习（参考38~46页，有详细的绘画指南）。

画出你周围的野生动物吧！

日期： 地点： 时间：

研究雪花

雪花是很神奇的。它们好像凭空而降，而且有无限多的形状。有趣的是，虽然没有两片雪花是完全一样的，但它们却都是六角形的（有6个边）。

星形晶体
由不是太冷的云层形成
0.31~0.93cm

粉末状晶体
这种雪适合滑雪
0.15~0.31cm

雪丸
晶体外裹着一层白霜
（结冰的小水滴）
0.31~0.62cm

六边形的盘子
通常跟星形的雪花一起出现
0.62~0.93cm

针状晶体
0.62~0.93cm

柱形晶体
0.31~0.62cm

雪花档案

* 雪花是在非常冷的空气中形成的，当水汽在一些微小的尘埃周围结冰，它们就形成了坚硬的晶体，然后落到地面上来，这就是雪花。
* 雪虽然是冷的，但由于它有着疏松的结构，落在植物和动物身上的雪层，就像给它们盖上了一层保温的毛毯，这样一来，反而可以帮助动植物抵御严酷的低温和大风呢。
* 在许多地区，融化的雪水可以给大地提供充足的从春到夏的水源。不过，如果太多的积雪融化，就会造成洪水和泥石流。

用手套或袖子接住几片雪花，然后把它们的形状画在这里吧！

日期： 地点： 时间：

借住在家里的自然之客

昆虫总是能找到进入家门的办法，经常出没在家里的昆虫有：谷物和衣服的蛀虫、蠹虫、家蝇、蟑螂、地蜈蚣等。

我们通常以为大自然是在我们家门外的，不过如果四处瞧瞧，你可能会撞见生活在自己家里的野生动物！绝大多数的房子，尤其是那些老房子的地下室和阁楼，都为老鼠甚至松鼠提供了足够多的藏身之处，有时候还会引来一条小蛇或者几只蝙蝠，它们也想分享我们的房间。至于那些房间里的死角，如果不经常打扫，要不了多久，你就会发现蜘蛛的踪影。现在，仔细地搜寻你的房间，看看能找到什么大自然的生命痕迹？

一只小家鼠

我们有许多关于老鼠的故事，这是因为我们住在老房子里（我们会打趣儿地说这房子是从老鼠手里租来的），冬天一到，它们就大摇大摆地搬进来了，我们很少见到它们，可我们知道它们就在那儿。

说谁呢？我吗？

被嚼断的蜡烛

一抽屉的纸屑，什么情况？原来是老鼠把我们最喜爱的旅游手册做成了安乐窝。

在枕头底下发现了一堆鸟食、草籽儿和浆果。

泄露秘密的排泄物（老鼠粪）

埃尔文·布鲁克斯·怀特的《精灵鼠小弟》也许是最著名的以一只老鼠为主角的书，不过，另外还有一些非常有趣的书，如贝弗利·克利里的《老鼠和摩托车》、《失控的拉尔夫》和《小老鼠拉尔夫》。

你发现了哪些家中的自然之客？在这里为它们画一幅画或者贴一张你拍的照片吧。

日期：　　　　地点：　　　　时间：

2月

FEBRUARY

追寻阳光

在古罗马神话中，这个月是涤罪和斋戒之月（februatus是“洗净、净化”的拉丁文）。对于古代欧洲北部的凯尔特人来说，2月2日标志着春天的开始。早春的花卉已拆开了花苞，太阳正逐渐温暖着土壤，小羊羔和小牛犊也要出生了。我们世世代代庆祝的狂欢节和嘉年华会的起源，就来自于早期欧洲的文化习俗。是月，人们燃起篝火，跳舞唱歌，一起欢庆春天回到大地。

在一年中的这个时间，白天一天天变长，一些野生动物开始寻找伴侣，这样一来，它们的宝宝就能在春天出生，在整个温暖的夏季健康成长。你可能会在黄昏或者晚上的时候，听到或看到美洲雕鸮、狐狸、黄鼬和刺猬的踪影——有时候你甚至可以闻到它们的气味！在某些温暖地区，一些树木已经开始抽芽，但在很多地方，2月还属于冬季，经常会遇到一股股的冷空气或暴风雪的来袭。

所有的动物和植物，它们的生命都来源于太阳。
如果地球没有太阳的照耀，那它就只剩一个漆黑的躯壳，
什么也不会生长，变成一个死气沉沉的星球。

— 加纳，一个提顿苏族人 —

我的自然笔记

日期：	时间：
地点：	温度：
天气情况：	
月相：	日出时间：
	日落时间：

看看窗外的景色或者出门走走，简要地记下你的见闻。你可以画画，也可以描述当时的感觉。

你能从大自然中发现什么？

每个月的开始，去四周好好地观察身边的自然吧。散步时，你尽可以睁大眼睛、竖起耳朵、张大鼻孔去搜寻，有什么现象透漏了这个季节的消息？试着在不同的日子来寻找，看看每一次你的答案有没有变化？

你能发现这些吗……	描述你注意到的现象
□ 松鼠们在追逐嬉闹	
□ 鸟儿把头朝向太阳	
□ 寒风刮过你的脸颊	

你还能发现什么？

□	
□	
□	
□	
□	
□	
□	
□	
□	
□	

属于2月的图画

从你的日记中选择一到两个（或者更多）事物，把它画在这里，或者把它的照片贴在这里。

日期： 地点： 时间：

浣熊和它的影子

传说欧洲人在古时候，把每年的2月2日看成是春天的第一天。这一天，人们会外出寻找獾和蛇，看看它们有没有从洞穴中出来，低头寻找自己的影子。如果它们一个影子也没看见，那就说明冬天结束了。但是如果看到了，就意味着冬天还得持续6个星期（6个星期之后大概就是3月21日了，我们现在把这一天作为春天的开始，不管有没有影子！）。

事实上，德国人确实有类似的传统，不过，他们只会在春天观察獾或者刺猬有没有从它们的洞里钻出来，来判断春天是否到来。现在，德国的移民者把这个传统带到了美洲。不过，因为在德国社区集中的宾夕法尼亚州，没有这些动物，于是他们就换成浣熊来观察。

你也许会问了，这时候，浣熊正在冬眠啊，它们怎么会在2月突然醒来，去关心自己的影子问题呢？所以，答案就是，它们肯定没有看到自己的影子。这只是人们对动物行为的一个有趣的猜测，跟真实的自然节令一点儿关系都没有。

刺猬并不是北美洲的“原住民”——它们来自欧洲、亚洲、非洲。美洲獾在加拿大中部、美国中西部和墨西哥北部都有发现，唯独宾夕法尼亚州没有！

在你所住的地方，画一幅早春的写生，或者拍几张早春迹象的照片来庆祝“土拨鼠日”吧！——可能是渐渐变长的白天，融化的冰凌或者最早出现的绿芽。

日期：　　　　地点：　　　　时间：

聚焦动物的脚印

在下过一场雪或者土地解冻之后，这个月非常适合寻找动物的脚印。仔细搜索你的后院、人行道上、学校操场上或者当地的公园和树林里，你能不能发现人、鸟类、狗、猫、松鼠、臭鼬、鹿、兔子，甚至小狼或者狐狸的踪迹？

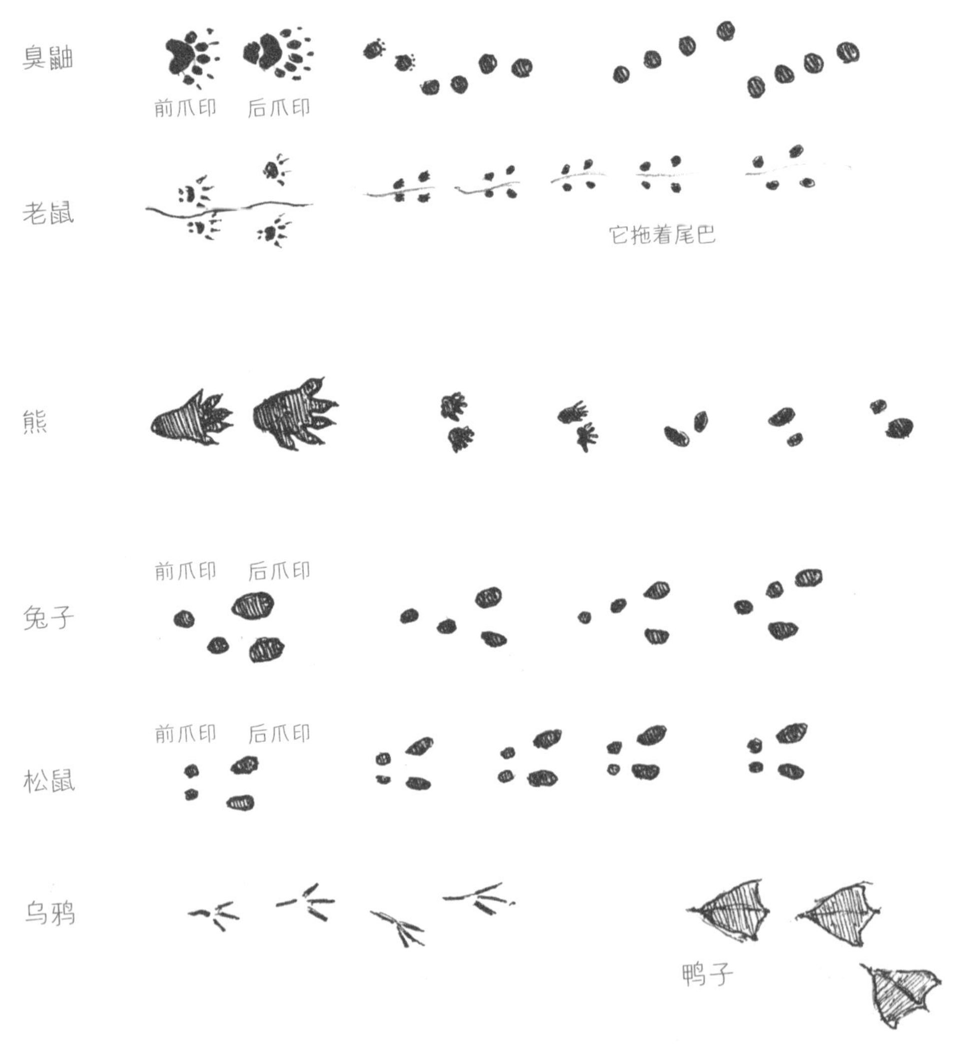

在这里画下你发现的脚印吧：

日期： 地点： 时间：

不管在室内或室外，冬天可干的事情真不少

下面这些活动很适合你在2月进行，有些自然中的现象也是这个月最容易发现的。到月底的时候回顾一下，看看这些事儿你是不是都做过了？

☐ 假设你生活在地球的另一边。你能想象对面地球的冬天是什么样的吗？你现在会在做些什么？如果你生活在热带雨林或者沙漠，现在的天气又和其他地方有什么不同呢？

☐ 想想人们在冬天是怎么取暖的。会穿什么衣服？会对我们住的房子做些什么？你什么时候觉得最暖和？是你去外面玩儿的时候，还是去跑、去蹦、去跳或者去拥抱别人的时候？如果你是一只动物，你准备怎么度过冬天呢？

☐ 这个月非常适合徒步旅行和滑雪。你不用担心有虫子来烦你，也不会热得直冒汗。你的视线可以穿过树林。等回到家，你会发现热乎乎的饭菜香极了！

☐ 如果你在旅游，或者住的地方比较温暖，试着徒步去寻找那些适应在温暖环境中生活的鸟类、植物、昆虫、爬行动物和两栖动物吧。

☐ 要是你那里下了很大的雪，那就尽情地玩雪吧！你可以抓紧一个雪橇或者杆子，找一处小山滑雪。还可以像在沙滩上一样，把自己用雪埋起来，看看是什么感觉。

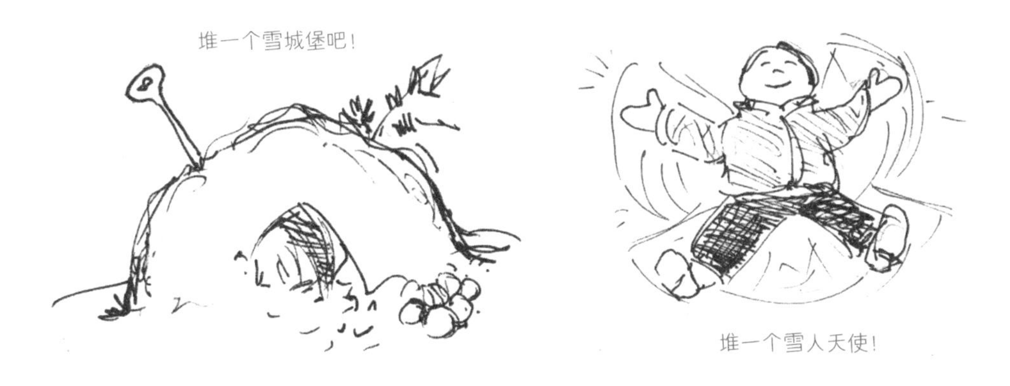

☐ 跟踪一个月的月相变化。如果遇到多云的夜晚，云遮住了月亮，那就把云画下来好了（第78~81页会给你更多想法）。

☐ 看看你们当地的自然研究中心有没有提供关于辨别鸟兽足迹的冬季研讨会。你可以试着参考一些很棒的书籍，比如奥劳斯·缪里的《动物足迹野外指南》和唐·斯托克斯的《冬季自然图鉴》。

☐ 舒舒服服地看一本好书。试试简·约伦的《月下猫头鹰》，玛丽·卡尔霍恩的《越野猫》或者肯尼斯·格雷厄姆的《柳林风声》。

看一看大树（还有灌木！）

2月是认识乔木和灌木的好时机。所谓乔木，就是有一个明显的主干，可能会长得非常大。而灌木具有两个或两个以上的茎干，通常不会很大。看看在这么早的时候，你能不能从树上找到新生的嫩芽？或者残留的、挂在树上的树叶、种子和果实？下面是一些画树木的技巧。

1.从树干的基部开始起笔，不断往上画，分出主要的树枝，再平均将大树枝往上分成更细的小树枝。

2.继续接着层层往上平均地画出分枝——就像高速公路那样，注意观察外形，看看不同的树：桦树、槭树、橡树和悬铃木，它们各自的树枝有什么特点？

3.补充树叶、阴影、树皮之类的细节，标上这棵树的名称。

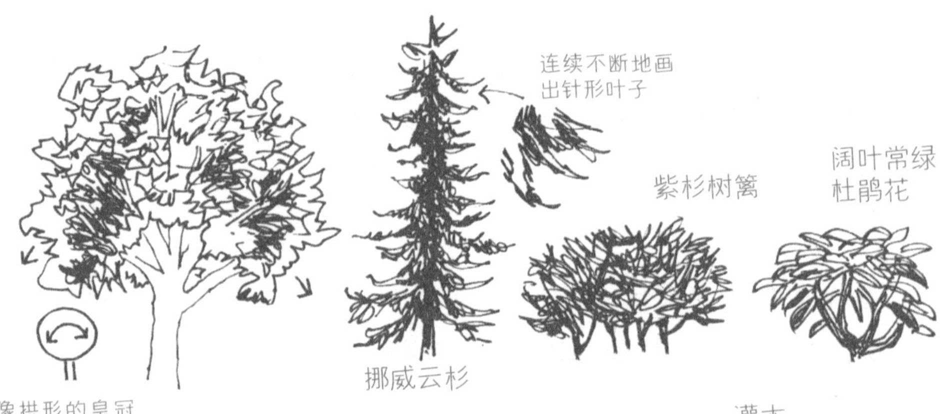

画一棵(或者两棵)你周围的树木，也可以贴上你拍的或者从杂志上剪下来的照片。

你也许会想在一年内追踪观察这棵树，来看看它有什么变化。

日期: 地点: 时间:

冬天里的大树之家

在寒冷的冬季，动物们需要找地方躲风、筑巢、进食和睡觉。一棵大树就能给许多种动物提供它们需要的庇护。

在这里画出你观察到的大树之家吧，包括那些在大树内或者大树旁过冬的动物们。

如果你在凭记忆画动物或者昆虫，别怕麻烦，找一本野外图鉴来参考着画吧，我就经常参照书上来画，这样我就能正确画出它们的形状和细节了。

日期： 地点： 时间：

不可思议的影子

你不能拿起它，也不能抓住它，但你可以看见它，并让它移动。许多人都写过关于影子的神秘之处的诗歌。这里有一首我非常喜欢的：

我的影子

我有一个小影子，进进出出都跟着我，
他的用处可比我看到得多。
他跟我长得一模一样，从脑袋到脚丫；
我跳上床的时候，他总是抢在我前面。
最好玩儿的是他的身高非常善变——
不像一般的小朋友，长得很慢；
有时候他会蹿得老高，像一个印度橡胶球；
有时候又变得好小，看都看不见。
他虽然不知道我们要怎么玩游戏，
可他却每次都把我给戏弄了。
他紧紧地贴着我，像一个胆小鬼；
他总是缠着我，我都不好意思了，
就跟我觉得老是缠着妈妈会害羞一样！
有一天早晨，很早很早，在太阳升起之前，
我起来看见亮晶晶的露珠在每一朵毛茛花上；
但是我的小懒影子呢，就像一个大瞌睡虫，
赖在家里，在我身后的床上呼呼地睡着了。

—罗伯特·路易斯·史蒂文森《儿童诗园》—

写一首你的影子诗歌，或一段影子故事吧：

____

____

____

____

____

____

____

你还可以

* 和你的小伙伴一起玩“捉影子”游戏。
* 读詹姆斯·巴里的《彼得·潘》，或者看这部电影，回味一下，彼得失去他的影子的时候是多么伤心。
* 查询一下英国艺术家安迪·戈兹沃西，看看他是怎么把影子运用到他的室外雕塑作品中去的。
* 用不同形状的硬纸板做成一些纸雕，放在阳光下。观察影子是如何成为你的纸雕艺术的一部分的。

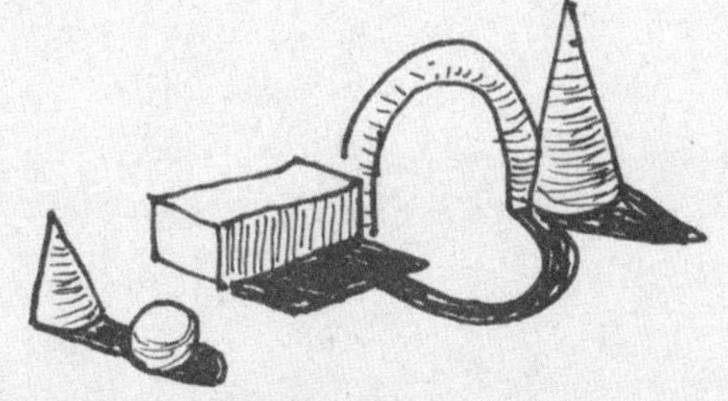

3月

MARCH

春的消息

3月是一个充满希望的美好月份。虽然天还是有点儿冷，也黑得比较早，可是冬天的尾巴终于要溜走了，春天的迹象让人激动。古老的罗马年历只有10个月，1月和2月是没有的，它们被称为“死寂的季节”。3月是罗马人以马尔斯（Mars）的名字命名的，马尔斯是战争和植物之神，之所以把他派给3月的原因是，这个月士兵要前往战场，而农民该准备种地了。

有一句谚语叫“3月来的时候像头狮子，走的时候像只绵羊”，指的是星座中的狮子座和白羊座——它们在3月的星空中都非常显眼。另外一层意思是，3月初的天气通常都比较严酷，而到3月末就变得温和起来。

这个月你可以开始寻找新生植物，到野外去听鸟儿的谈话，感受第一缕温暖的微风，闻闻潮湿的泥土气息，你会知道，现在，在这里，一切都安好。请你一定要出席鸟儿的演唱会，去抚摸奔涌的风和温暖的土地。

一看到那双大靴子，维尼就知道，
一场冒险就要开始了。

— 米尔恩《小熊维尼》 —

我的自然笔记

日期：	时间：
地点：	温度：
天气情况：	
月相：	日出时间：
	日落时间：

看看窗外的景色或者出门走走，简要地记下你的见闻。你可以画画，也可以描述当时的感觉。

你能从大自然中发现什么？

每个月的开始，去四周好好地观察身边的自然吧。散步时，你尽可以睁大眼睛、竖起耳朵、张大鼻孔去搜寻，有什么现象透漏了这个季节的消息？试着在不同的日子来寻找，看看每一次你的答案有没有变化？

你能发现这些吗……	描述你注意到的现象
□ 前院里的番红花	
□ 麻雀在树上唱歌	
□ 泥巴——到处都是	
□ 圆木下的蝾螈	

你还能发现什么？

□	
□	
□	
□	
□	
□	
□	
□	
□	

属于3月的图画

从你的日记中选择一到两个（或者更多）事物，把它画在这里，或者把它的照片贴在这里。

日期： 地点： 时间：

迎接春分日

仅仅在两个月前，北极还沉浸在无尽的黑暗中，而在南极，太阳一天24小时不停地照耀着大地。现在，地球在它围绕太阳公转的轨道上走得更远了，我们会经历春分。这意味着大概在3月20日左右的几天，整个世界都将经历几乎昼夜平分：12个小时的白天和12个小时的黑夜。巴格达、巴黎、悉尼、东京、安克雷奇、内罗毕、纽约，只要你能说出来的地方，都在分享着同样的日长。

"二分点"（equinox）这个词来源于拉丁文中：equi（均等的）和nox（夜晚）这两个词的组合。而"春天的"（vernal）一词也来自于拉丁语，意思是春天，春天的。

在北极

在南极

一过了春分这天，昼夜平分的局面就会慢慢发生变化，在北半球，白天会渐渐变长，相应的，夜晚也渐渐变短。南半球的情况则刚好相反，黑暗一天天比光明占上风。这种变化一直持续到6月的夏至日（南半球是冬至日），这一天将是白天最长的一天（南半球是最短的一天）（参考第178页）。

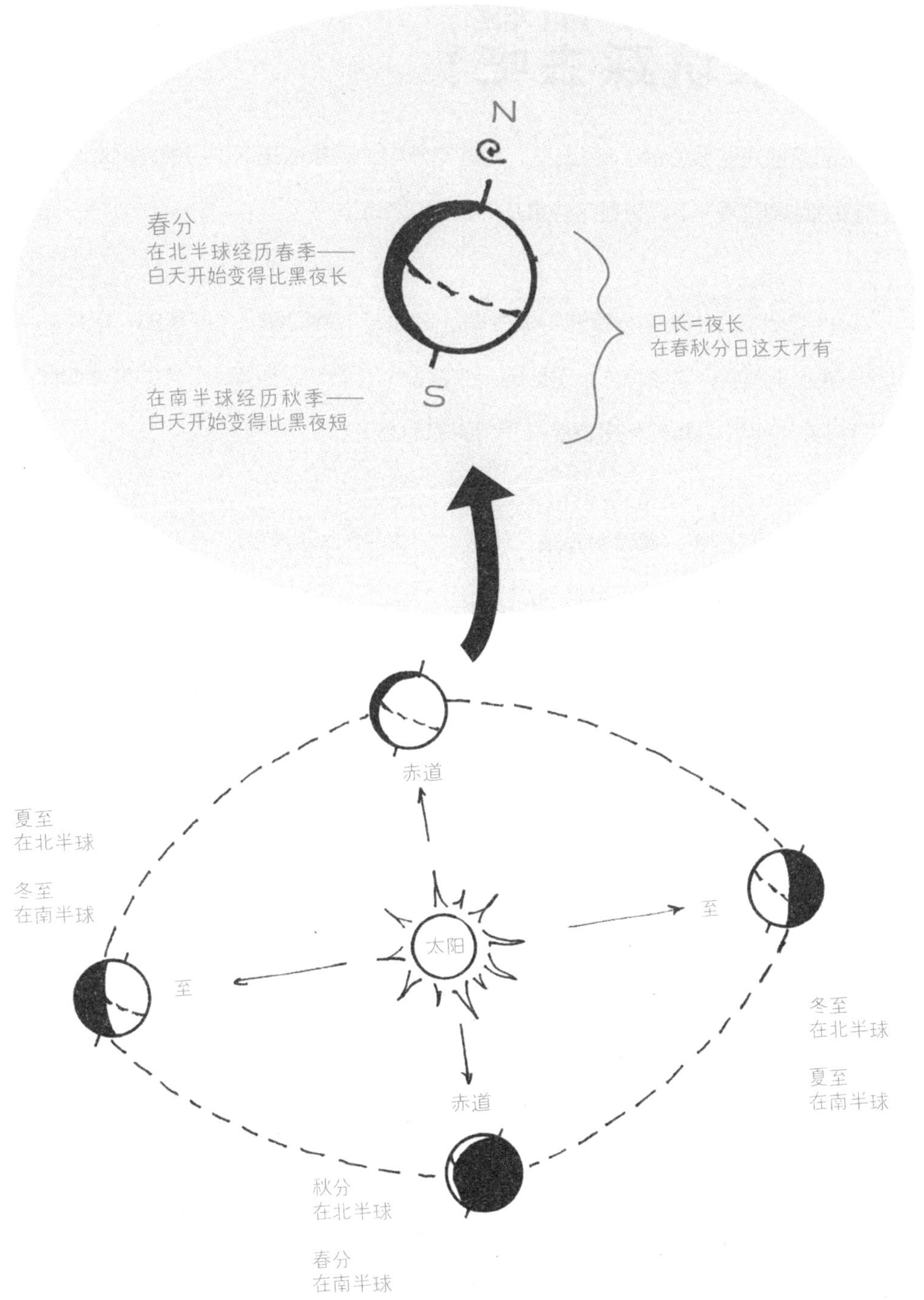
N
S
春分
在北半球经历春季——
白天开始变得比黑夜长
在南半球经历秋季——
白天开始变得比黑夜短
日长=夜长
在春秋分日这天才有
赤道
夏至
在北半球
冬至
在南半球
太阳
至
至
冬至
在北半球
夏至
在南半球
赤道
秋分
在北半球
春分
在南半球

套上你的小雨靴，找个水坑踩去吧！

下面这些活动很适合在3月进行，有些自然中的现象也是这个月最容易发现的。到月底的时候回顾一下，看看这些事儿你是不是都做过了？

□ 寻找池塘中、小溪中和春池中的生命。带上一个网兜和一个收集瓶，这样就可以舀一些水来观察，里面有什么游动的小生物没有（春池是很浅的、季节性的池塘，这种小小的池塘却给青蛙和蝾螈提供了产卵的地方）。

□ 翻开木头和石块，看看里面藏了什么？在腐烂的木头旁边、岩石底下的树叶堆中，有许多变温动物（冷血动物）躲在里面过冬。

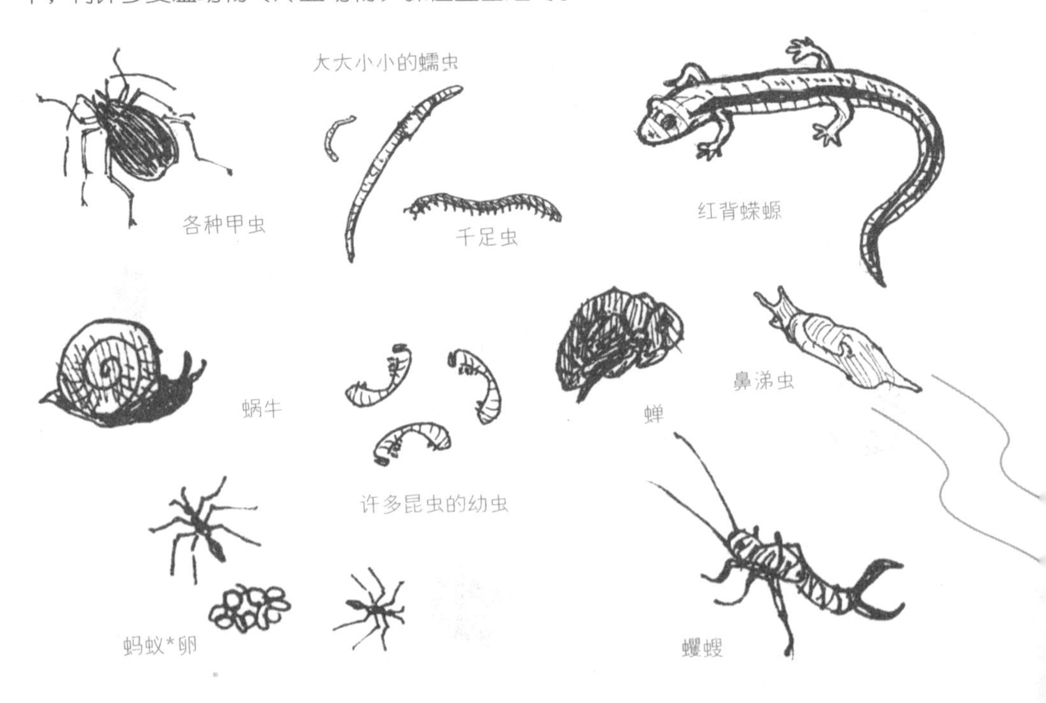

□ 骑上自行车或者滑着你心爱的滑板到一片开阔的地方，看看什么植物又发芽了？

□ 收集那些脸上写着“3月”的自然物件吧。把它们带回家，放到一个碗或者盘子里，为它们画画留念，用钢笔、铅笔和水彩笔都可以，记得写上它们的名字。

□ 放风筝去！你知道吗？在很多国家，放风筝比赛也是很流行的！看看你能不能找到几个？

□ 剪些枝条，放在屋子里，花会开得比较快，很多灌木和乔木在等着温暖的天气才肯开花。你可以从连翘、樱桃、苹果或者星花木兰上剪一些20~30厘米长的枝条，然后把它们放在盛水的花瓶中。看看它们会比在室外的枝条早开花多久呢？

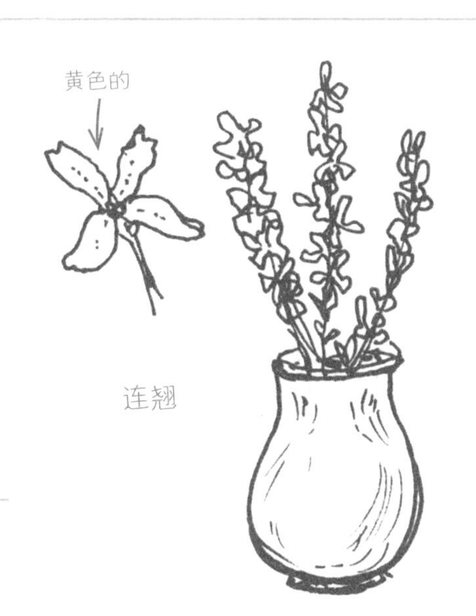

□ 读一本好书。爱丽丝·麦克林伦的《沙漠里的村子》——这本书讲了一群生活在亚利桑那州沙漠的孩子，他们用石头、植物和其他天然的东西建成了一座有城堡的村子，仔细查查那些小动物的图片说明吧。

画出你眼中的自然：鸟

如果你想更好地了解鸟儿，那就试着把它们画下来吧。先从临摹照片开始，因为这样你能看得很清楚，在野外图鉴和网上都能找到非常棒的图片。

在这里画出你的小鸟绘画作品吧：

日期： 地点： 时间：

狗链那头的大自然

带上你的小狗去散步，请它的嗅觉带路（如果你没有养狗，可以向你养狗的邻居借一只，或者邀请一位养狗的朋友一起散步。我曾经在城市中见过有人牵着链子遛猫）。注意观察小狗会往哪里闻，它的鼻子又是怎么跟随风的去向的。你知道它在闻什么吗？想象一下，要是你有这么灵敏的嗅觉会怎么样呢？

如果你没有养狗，那就自个儿散步去吧，去闻一闻、看一看、听一听，这里有多少种春天的迹象？其实只要用心，春天的气息到处都能闻到，哪怕是在大都市里！

你也许会看到或者听到这些：（核对一下，你有没有找到呢？）

- □ 树上绿色的小嫩芽，早春时节要开的花（雪钟花、番红花、黄水仙、郁金香）。
- □ 鸟儿开始歌唱。

雪钟花

家麻雀

- □ 由于冰雪消融而奔流的、滴下的或是细淌的水。
- □ 蚯蚓（怎么找呢？地上那些小堆小堆的泥粒儿就是它们干的！蚯蚓以土壤中的有机物为食，通过它们的消化排出的粪便能把土地变得非常肥沃）。

小堆泥粒儿

住在地下的蚯蚓

- □ 潮湿泥土的芬芳。
- □ 泥巴！
- □ 太阳越爬越高，给我们带来温暖的微风和更强的光照。
- □ 到处是“嗡嗡”的虫鸣声（苍蝇、甲虫、蜜蜂）。
- □ 乔木和灌木上的新芽渐渐鼓起来了。
- □ 池塘和春池中传来了阵阵蛙鸣。

挪威槭的嫩枝

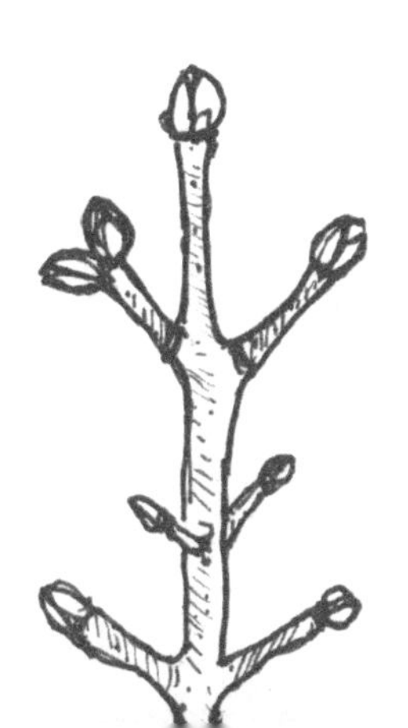

春的消息：绿色多起来了

在我住的地方，从3月初到3月末之间，植物世界会来个大变身。你那里是这样的吗？随着白天慢慢变长，气温逐渐回升，我发现草开始变绿了，乔木和灌木上的新芽渐渐鼓起来了，早春的花卉也从地下钻出来了。3月是我最心爱的一个月，一天一个样，太不可思议了！大地仿佛从沉睡中醒来，打了个哈欠，又伸了个懒腰，然后咧嘴笑了。

黄水仙在晴朗的保护地里第一个开花了！

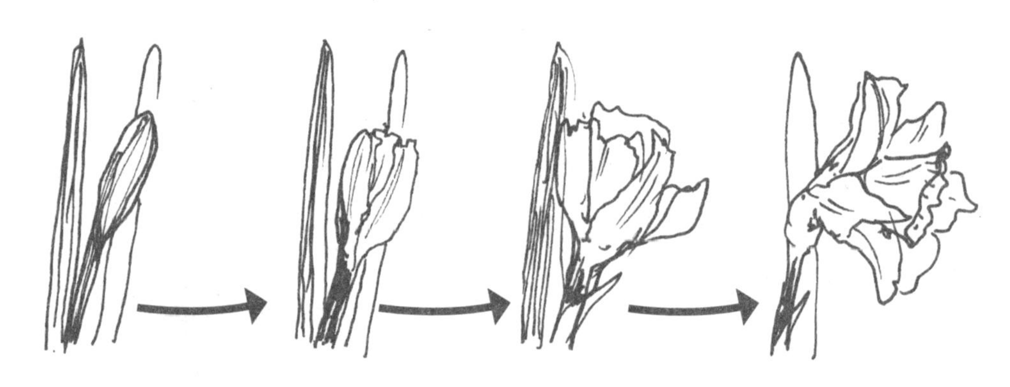

木本植物也有早春就开花的：

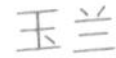

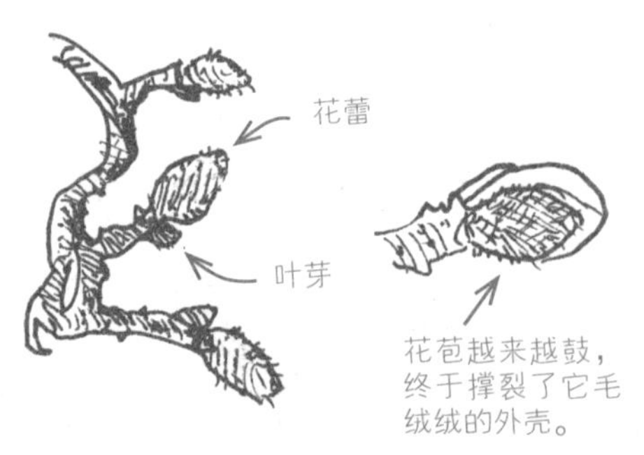

接下来，最美的时刻到了，它舒展开了白色的花瓣！

早春的蜜蜂和蚂蚁非常喜爱它的花粉。

新芽和嫩枝

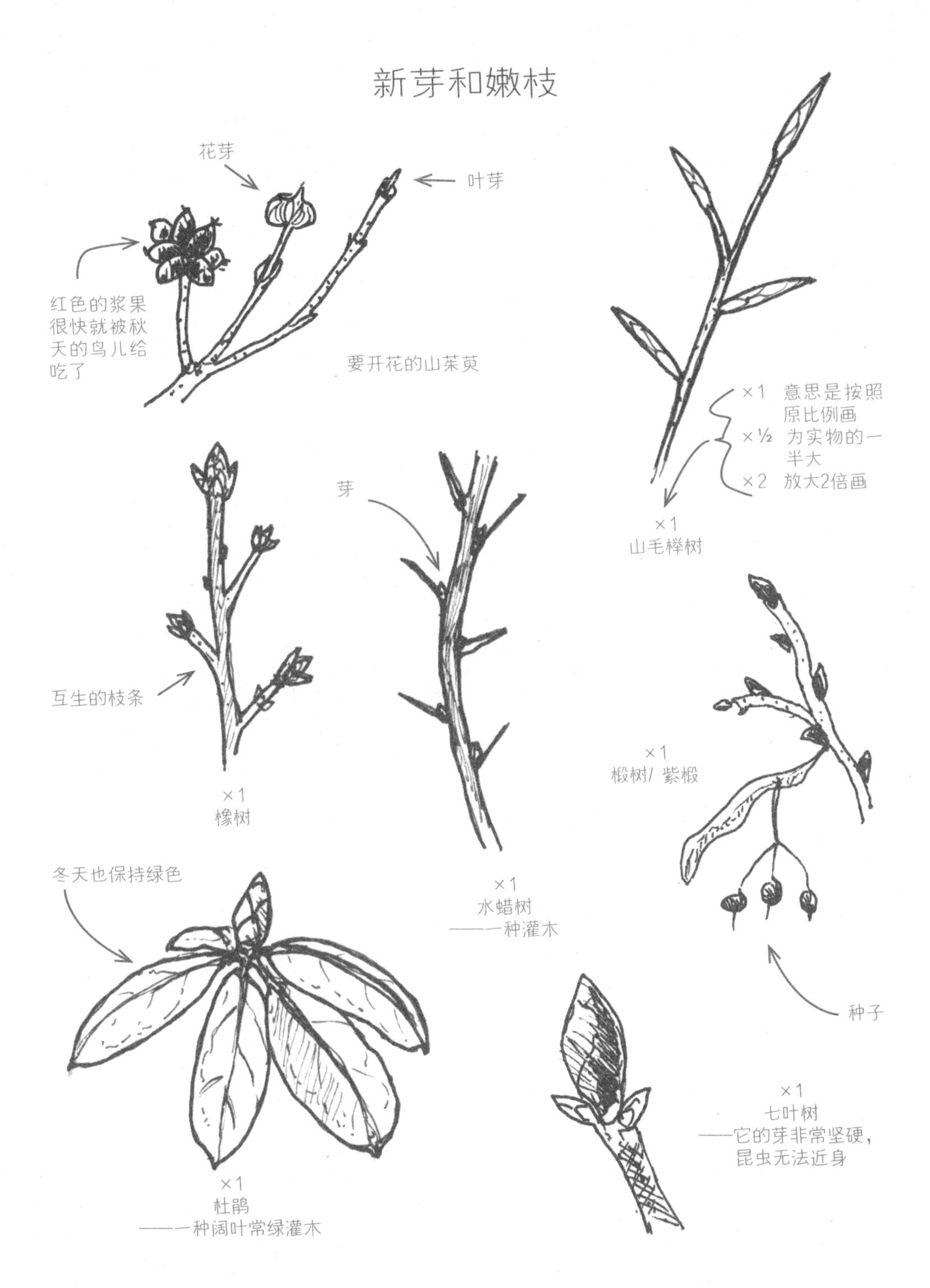
花芽
叶芽
红色的浆果很快就被秋天的鸟儿给吃了
要开花的山茱萸
×1 意思是按照原比例画
×½ 为实物的一半大
×2 放大2倍画
×1
山毛榉树
芽
互生的枝条
×1
橡树
×1
椴树/紫椴
冬天也保持绿色
×1
水蜡树
——一种灌木
种子
×1
七叶树
——它的芽非常坚硬，昆虫无法近身
×1
杜鹃
——一种阔叶常绿灌木

4月

APRIL

万物复苏

4月里，满眼都是新生的芽苞，到处都是生长的声音。

“4月”这个词最初来自古罗马的文字“aperire”，意思是“打开”或“开花”（而“Easter”这个词则是来自于几个代表春天和黎明的古代女神的名字——Eos、Astarte、Eostra）。在北部的年历中，这是春天的第一个满月，一个白天已经变得很长，而黑夜逐渐变短的时期。阳光温暖着大地，就像亿万年来一样。

龟、蛇、鱼、青蛙和蝾螈开始从冬眠中醒过来，第一批昆虫开始出动——它们是各种蜜蜂、蝴蝶、小蚊蚋和苍蝇。蚯蚓也从它们冬天的地洞中钻了出来。这时候，本地的鸟儿和刚迁徙回来的候鸟急需进食，这些昆虫就成了最好的美餐。因为很快，鸟儿们就要寻觅它们的伴侣，开始繁育后代了。

从4月开始，苏醒、产卵、孕育、出生、抚养、成长——这部生命的交响曲开始激情上演。对于农民和园丁来说，这个月的天气将决定土壤是不是足够温暖和干燥，好开始耕种；还决定着家畜是不是可以放出来吃草了。

是大地养育了我们的孩子，是大地。
你不能拥有大地，是大地拥有你。

— 道奇·麦克莱恩，苏格兰民谣歌手 —

我的自然笔记

日期：	时间：
地点：	温度：
天气情况：	
月相：	日出时间：
	日落时间：

看看窗外的景色或者出门走走，简要地记下你的见闻。你可以画画，也可以描述当时的感觉。

你能从大自然中发现什么？

每个月的开始，去四周好好地观察身边的自然吧。散步时，你尽可以睁大眼睛、竖起耳朵、张大鼻孔去搜寻，有什么现象透漏了这个季节的消息？试着在不同的日子来寻找，看看每一次你的答案有没有变化？

你能发现这些吗……	描述你注意到的现象
□ 泥地上的脚印	
□ 乌鸦呱呱地叫	
□ 小雨淅沥沥地下着	

你还能发现什么？	
□	
□	
□	
□	
□	
□	
□	
□	
□	
□	

属于4月的图画

从你的日记中选择一到两个（或者更多）事物，把它画在这里，或者把它的照片贴在这里。

日期： 地点： 时间：

什么是爬行动物？两栖动物又是什么？

爬行动物和两栖动物也许乍一看像是同一类动物。它们都是冷血动物（参见第102页），都有骨骼，都是卵生的。不同的是，爬行动物把卵产在陆地，而两栖动物的宝宝在水中诞生，用鳃呼吸，等成年了才搬到岸上住。

爬行动物

乌龟、蜥蜴、蛇和鳄鱼都是爬行动物。爬行动物有着坚韧的皮肤，上面布满了鳞片。

地球上大约有250种蛇，其中只有36种对人类有毒害。

两栖动物

青蛙、蟾蜍、蝾螈都是两栖动物。两栖动物从卵中诞生，但是它们成长的各个阶段长得都不一样。

美洲蟾蜍（雄性）用颤音来吸引伴侣。蟾蜍很有用，因为它们可以帮我们吃掉周围的鼻涕虫。有些人还把它作为幸运的象征。

从蝌蚪到蟾蜍只需要几个星期的时间。在一个大容器里养一些蝌蚪非常好玩儿，记得要在里面放一个大石头，好让成年的蟾蜍跳上来。

红背蝾螈
这种常见的蝾螈有一个特别的地方：
它在陆地上产卵。

春雨蛙是很难看见的，不过却容易听出它们的声音，这种小青蛙靠鼓起喉咙下的气囊来歌唱它们的“春之声”。

亿万年前，两栖动物首先从水中爬上了陆地，它们仍然需要潮湿的环境，浑身生着光滑透气的皮肤。这样的皮肤上有很多小孔，很容易吸收池塘和溪水中的毒素和污染物。
如果有两栖动物存在，就说明这个生态系统是健康的，如果这些动物的数量减少，环保人士就会非常担忧。

庆祝地球日

在这个歌颂地球的月份，我们要感激我们唯一的家园，认真地去思考所有的生灵，哪怕是你脚边最小的一只蜈蚣，怎么才能让地球变成一个更适合居住的地方。当然，作为一个博物学家，你应该试着把每一天都当作地球日！有许多方法可以帮你更好地参与保护地球的行动。

登录这些著名的网站，找到你感兴趣的自然保护项目，然后报名参加，你就可以全年参与环保了！

康奈尔鸟类学实验室
有非常多针对儿童的观鸟机会
www.birds.cornell.edu

全美野生动物联盟
组织“后院栖息地项目”和其他一些活动
www.nwf.org

你可以在网上查询有关自然环境的夏令营和相关的旅行点子。当地的、本省的公园或者国家公园通常会有一些非常棒的自然项目。你还可以试着联系那里的自然中心、动物保护组织或者青少年活动组织。

全美奥杜邦协会州际奥杜邦分会
有专门针对儿童的项目
www.audubon.org

珍·古道尔研究会
一个致力于青少年成长和环境健康的国际性组织
www.janegoodall.org

向北旅行
一个非常好的提供各种观察、记录和研究项目资源的网站
www.journeynorth.org

国家地理儿童频道
一个关于动物、自然、科学和其他很棒东西的网站，信息量大，而且非常有趣
www.kids.nationalgeographic.com

我们和化石燃料有什么关系？

你可能听说过很多关于化石燃料的名词：二氧化碳排放，全球气候变化等。这些意味着什么，你知道吗？我们之所以叫它化石燃料，是因为它们是来源于数亿年前被挤压的生物遗体（包括植物和动物）。3亿年前，它们就在地球上生活着。

亿万年以后，地球上留下的是各种各样的含碳化合物，这些是人类近300年左右燃烧的巨大能量来源。大量的岩石和土地的压力把这些动植物遗体挤压，形成固态的（煤）、液态的（石油）、气态的（天然气）。那些古代动植物大量死亡以后，被分解并且埋葬，凡是这样的地方，就有丰富的煤、石油和天然气储量。

化石燃料实际上是远古时期的植物——大型蕨类、苔藓类、泥炭沼泽和广阔的森林——它们曾经遍布整个地球，而它们被分解的速度真的相当缓慢。

要燃烧化石燃料，我们必须先从很深的地下把它们取上来。人类广泛用化石燃料来发电、种植农作物、盖房子、使用电子产品等，总之，让我们的生活运转起来。但是这制造了两个很大的麻烦：第一，燃烧这些燃料会产生大量的二氧化碳（CO_2）；第二，会污染我们的空气和土地。最要命的是，它们的储量是有限的，所以我们不得不寻找其他的新能源（第182~183页将讨论更多关于化石燃料的问题）。

煤：古老的植物遗体，被压得可瓷实了，通常在山川里或者山川周围被发现。

气：一种气体燃料，经常和石油一起发现，也包括甲烷、丙烷和丁烷。

油：液态的石油［英语中的petroleum是拉丁语中的“petra”（岩石）和“oleum”（油）的组合］。

不管晴天还是雨天，这个月绝对是在户外发现新鲜事物的好时机！

下面这些活动很适合你在4月进行，有些自然中的现象也是这个月最容易发现的。到月底的时候回顾一下，看看这些事儿你是不是都做过了？

☐ 跟踪每天的降雨，然后对比你那里全年的总降雨量，还能看到雪或者霜吗？早上起来，土地上有露水吗？

☐ 在湿漉漉的天气里散一次步！在雨中漫步感觉很好，你能看到树叶和草尖上的雨滴，还有亮晶晶的蜘蛛网，没准儿还能发现顺坡而下的小溪。你知道雨是从哪个方向来的吗？这是一场温暖的雨还是寒冷的雨呢？

☐ 想一想，动物都是怎么避雨的？

松鼠
你见过松鼠把自己的尾巴当伞用吗？

鸽子
很多鸟类避免雨水打湿自己靠的是羽毛上的油脂。这种油脂由靠近尾巴的腺体分泌，然后鸟儿再用嘴将这种特殊的油涂满羽毛。

马
很多动物并不介意淋雨，即使旁边就有可以躲雨的地方，你也经常能看见奶牛和马就站在雨中。

☐ 在一个温暖、晴朗的天气，去数昆虫吧！你能发现蜜蜂和大黄蜂或者蚂蜂吗（它们有什么区别）？寻找蚂蚁、苍蝇、蚊子、蝴蝶和蛾子。你能发现多少种甲虫呢？

☐ 给两栖动物和爬行动物搭把手。在新英格兰或者其他4月多雨的地方，人们不分男女老少，都会帮助斑点钝口螈、蓝点蝾螈和红背蝾螈还有红蝾螈穿过马路，去附近的池塘中寻找伴侣和产卵。乌龟、蛇和青蛙的观察者们也会花许多时间，来帮助这些走得比较慢的动物安全通过危险的柏油路，这样它们才能成功地繁殖后代。

☐ 翻一本好书。下面这几个人是我非常喜爱的自然作家：詹姆斯·赫里奥特、加里·保尔森、洛伊丝·劳里和罗伯特·派尔。另外还有几位我很喜欢的诗人：埃米莉·迪金森，沃尔特·惠特曼和玛丽·奥利弗。

红蝾螈

春天的花

那些常见的花，你也许觉得它们没什么新奇的，不过这回，我们凑到前去，仔细地观察观察它们吧！你家附近有多少种正在开花的植物呢？在邻居那里，或者学校周围，又有哪些花开了？

1.

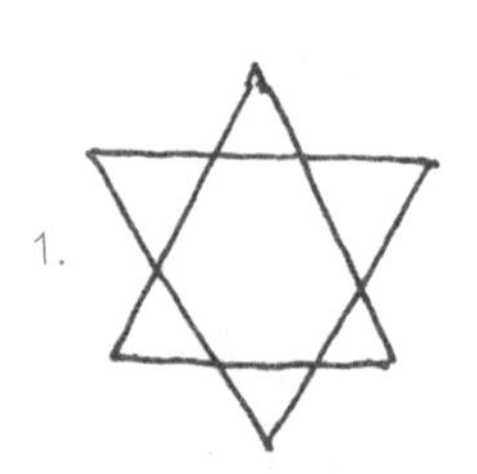

2.

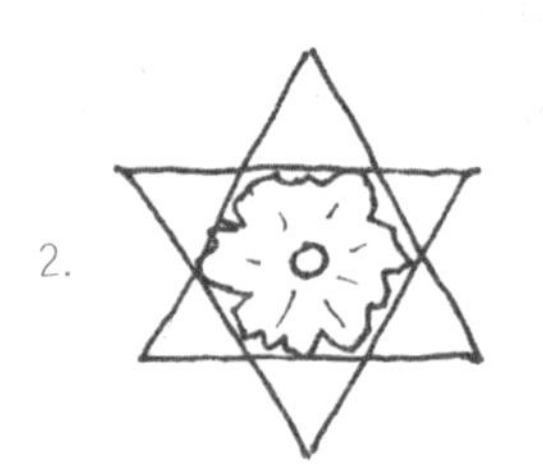

3.

寻找花朵中的几何图形：
数出花瓣的数目，画出花瓣的纹路、花蕊、花枝还有叶片——当然还有颜色！

番红花

1.

2.

3.

蒲公英

1.刚长出嫩叶和花芽的蒲公英（嫩叶是可以吃的）

2.明黄色的花

3.种子随风飘散

再看看叶子吧！

叶子的形状、大小，甚至颜色都是非常不同的！尽管大部分叶子在春天和夏天都是绿色的。在第248~250页中有关于叶子的详细讨论。

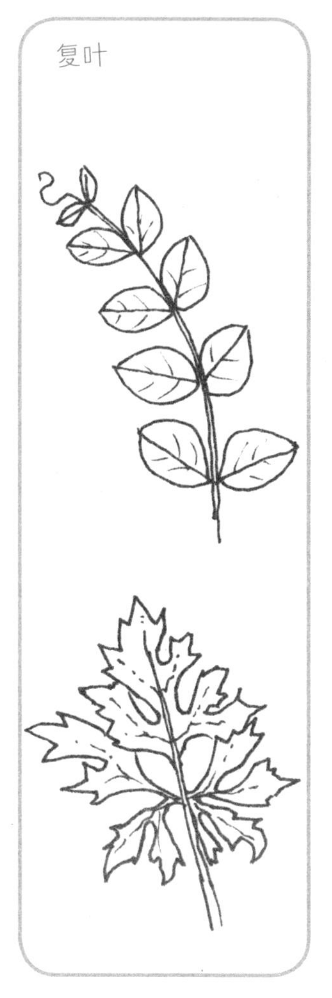

怎么画：按透视法缩短叶片和花瓣

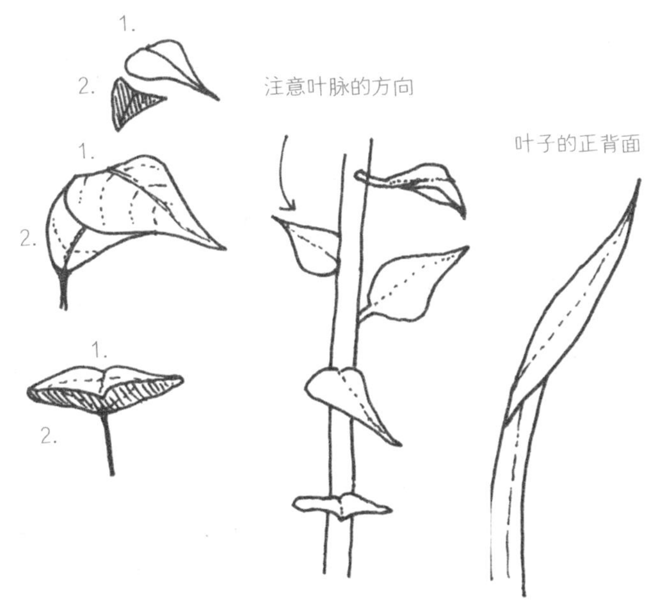

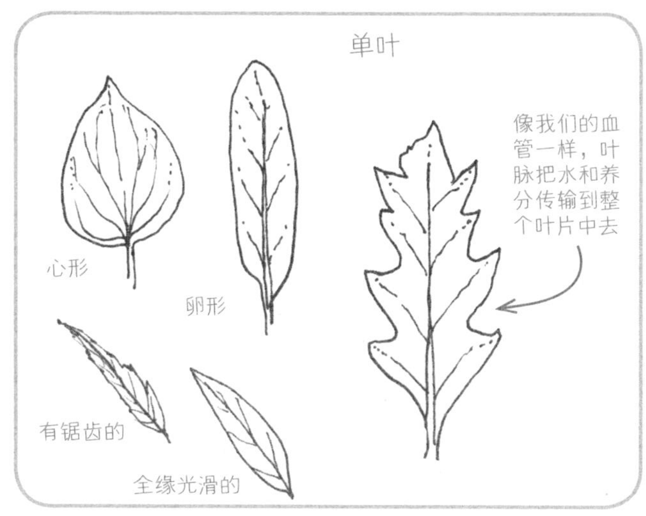

为天气着迷

这个月是研究天气的好时机。有句谚语是“四月的雨浇开五月的花”，也许是这样，也许不是，得看你住在哪里。在美国中西部地区，现在会有非常疯狂的洪水和龙卷风，而且，终年都会有。在遥远的西部，也许会经历强风、大火、泥石流和晚雪。在西部和西北部地区的高山上，还会发生暴风雪和雪崩。在这个国家的许多地方，4月将会带来冰和突然来袭的暴风雪。而在新英格兰，我们这儿到处都是泥巴！

随着冰雪的消融，泥巴的季节在春季还没来之前就到来了。因为大地解冻，土地变成了软泥。未铺砌的土路上满是黏糊糊的泥巴，汽车和行人在这样的路上行走可真麻烦哪！

了解当地的天气系统

在你身边，有很多可以参考的天气资料来源：报纸、网络、当地的电视台，当然，还有图书馆。你可以把一些有趣的关于天气的文章剪下来（一定要写上日期），再贴到一个笔记本上，做成一个剪贴簿（60~62页有更多关于天气的资讯）。

你还可以

* 找出你所在地方天气锋面，以及它们是如何影响当地的天气的。你可以根据学到的知识，画出相应的锋面地图。
* 你认识的人中，有没有人曾经经历过非常极端的天气事件？比如龙卷风、飓风、暴风雪或者泥石流？去采访这样的朋友，了解这些天气到底是什么样子，还有他们当时又是怎么应对的？
* 去研究一下全球气候变化的资料，了解这些变化对气候、温度的变化和水源都有什么样的影响呢？

在这里展开你的天气研究吧：

为家园画地图

4月，对于很多地区来说，仍然是寒冷而潮湿的。我这里有一个不出门就能置身于大自然中的好主意，它能扫除一个下午的阴霾！

制作你所在的城市（乡镇）地图

首先，取得一张当地的航拍地图，可以从你所在城镇的市政厅或者当地的图书馆获取，也可以从网上下载。用这张图作为参照，画出你自己的家园地图。你可以给不同的地区，比如工业区、商业区、居民区和花园绿地等，涂上不同的颜色。然后再把主要的道路画上去，最后，标记出你家的位置。

在这里画出你的城镇地图吧：

制作你所在的省（区）地图

随着我们越来越了解周围的自然，了解我们当地的地理就变得越来越重要了。你住在镇里还是市区？在郊区还是在乡村？你家附近有树林吗？有一个湖、一条河流或者小溪吗？了解周围的地理，有助于帮助我们理解家乡的地貌和气候的成因。

在这里画出你的省区地图吧：

5月

MAY

生机勃勃

5月（May）的名字是以古罗马的生育女神Maia Maiestas之名命名的。对于古代欧洲北部的凯尔特人来说，5月1日标志着夏天的来临，这时候，人们开始种植庄稼，牲畜将生出健康的幼仔。许多传统的节日都旨在庆祝越冬之后生命的重生。庆祝的活动有很多：人们会跳起五朔节花柱舞和莫利斯舞（一种英国男性跳的乡村舞蹈），编织五月花篮，还有的地方，人们会头戴花环，手持鲜花列队游行。

当我们人类庆祝的时候，大自然中的生灵们可没有闲着，它们正铆足了劲生长。花儿竞相绽放，树叶也在一夜之间展开，候鸟从南方飞了回来，各种各样的昆虫到处忙碌。在你周围，每一种动物和植物都迫不及待地求爱、交配、孕育和产子，好让自己的基因传递下去，确保它们的种族能在明年继续延续。对于一个博物学家来说，5月处处充满神奇，绝对是一个天赐的良辰！

空气就像一只蝴蝶
有着娇嫩的蓝色薄翼。
大地愉快地看着这样的天空，
唱起了歌谣。

— 乔伊斯·基尔默，《春天》 —

我的自然笔记

日期：	时间：
地点：	温度：
天气情况：	
月相：	日出时间：
	日落时间：

看看窗外的景色或者出门走走，简要地记下你的见闻。你可以画画，也可以描述当时的感觉。

你能从大自然中发现什么？

每个月的开始，去四周好好地观察身边的自然吧。散步时，你尽可以睁大眼睛、竖起耳朵、张大鼻孔去搜寻，有什么现象透漏了这个季节的消息？试着在不同的日子来寻找，看看每一次你的答案有没有变化？

你能发现这些吗……	描述你注意到的现象
□ 蚂蚁在芍药花上爬	
□ 苹果花的香气	
□ 烟囱雨燕俯冲下来	

你还能发现什么？

□	
□	
□	
□	
□	
□	
□	
□	
□	
□	

属于5月的图画

从你的日记中选择一到两个（或者更多）事物，把它画在这里，或者把它的照片贴在这里。

日期： 地点： 时间：

在大自然中，5月是繁忙的季节

下面这些活动很适合在5月进行，有些自然中的现象也是这个月最容易发现的。到月底的时候回顾一下，看看这些事儿你是不是都做过了？

- ☐ 庆祝五一。查找一下关于古代凯尔特人的历史，试着弄明白，为什么5月1日对他们来说如此重要？

- ☐ 去户外散一次“假想穿越”的步，想象一下你生活在2 500年以前，你会穿什么衣服？你周围的大地将是什么模样？当你散步的时候，想一想，要是你生活在800年、300年、100年、50年、20年前，周围环境的样子。有没有想过我们周围的土地在最近几个世纪、最近几十年间的变化？

- ☐ 躺在一棵树下面玩儿。我喜欢躺在一棵开满了花的苹果树下——如果地上再生长着蒲公英那就再好不过了！看看你能不能找到一棵开花的树（不一定非得是苹果树），花点儿时间躺在树下，收听蜜蜂繁忙奔波的嗡鸣，欣赏花瓣飘落到身旁的舞姿。

- ☐ 假设你生活在一个神秘的地方，那里有神奇的动物，它们会长成什么样？又会有什么奇怪的举动？

□ 采摘一些树叶做成一幅拼贴画或者一个活动雕塑。尽可能地去搜寻各种不同形状的树叶，把它们夹在纸中，然后压干，就可以开始制作树叶拼贴画了：将干燥好的树叶放在清晰的接触印相纸中，或者熨烫进蜡纸中。你还可以把树叶粘在一个硬卡片上——可以粘成环形或者其他的图案。再介绍一种树叶手工：在硬纸片上画下各种叶子，然后给它们上色，之后，沿着树叶的轮廓剪下来，再固定到枝条或者枝丫上，一个树枝雕塑就做好了！最后，数一数你有多少种形状的树叶吧。

□ 要知道有些树叶是不能采摘的，比如大荨麻、毒漆藤，你那里还有哪些有毒的植物呢?

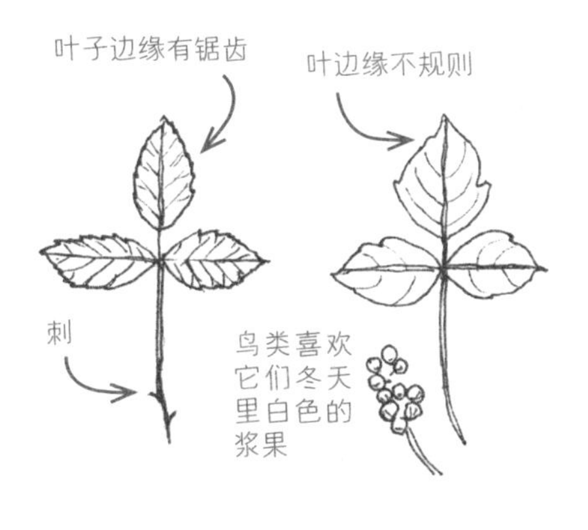

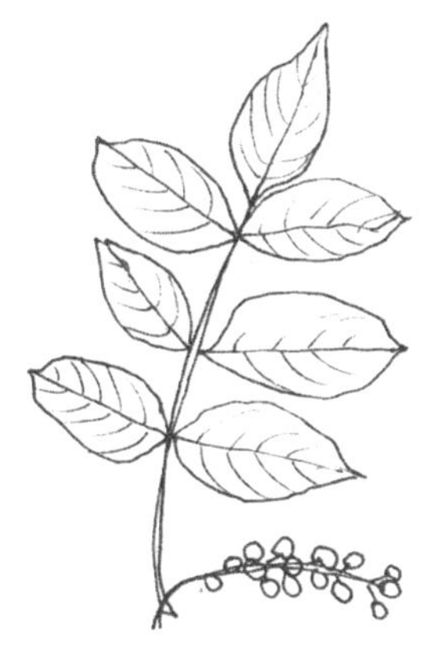

黑莓/树莓
灌木
它们有刺，会划伤你，不过叶子是无毒的。

毒漆藤
藤本或灌木
全株都可以导致皮肤发痒，不管在什么季节——遍布美国

毒盐肤木
灌木或乔木
全株都可以导致皮肤发痒——分布在美国东部的湿地中

毒橡
灌木
全株都可以导致皮肤发痒——分布在太平洋沿岸和美国东南部

□ 放松下来，读一本好书，比如布赖恩·雅克的《红墙》，或者他的关于森林生物的奇幻探险系列丛书，凯瑟琳·汉尼根的《苹果树》，琳达·利尔的《波特小姐：自然的一生》。

一段不可思议的旅程

对于观鸟爱好者来说，5月可是一个重要的月份。因为有很多的鸣禽、游禽、涉禽和猛禽都将离开它们冬天的家，飞往千里之外的北方。世世代代，这些鸟类长途跋涉就是为了找到合适的饮食和筑巢环境来建立它们的家庭。它们的后代也将沿着父辈的飞行路线来回迁徙，而这个过程通常并没有它们的父母陪伴，这几乎是候鸟们与生俱来的本领。

当然，并不是所有的鸟类都有迁徙的习惯，大约只有1/4的北美洲鸟类会有规律地迁徙到美国南部边界。

越来越多的鸟类，比如知更鸟、小嘲鸫、主红雀、卡罗苇鹪鹩等，现在不再迁徙了，而是终年待在它们越夏的地方。查询一下你周围生活的鸟类，看看在冬季，它们会走还是留？

鸟类为什么迁徙和如何完成这段漫长的旅程至今仍是个谜，即使是最优秀的科学家，也仍在研究当中，不过你亲自来调查这个事情是非常有趣的。你可以通过上网、阅读相关书籍和杂志来寻求答案，比如：康奈尔鸟类学实验室的《现存鸟类》和克里斯托弗·莱希的《鸟类观察者伴侣》。

一些鸟的种类：

（北美洲一共有700多种鸟类）

斑背潜鸭
——在北极东原和阿拉斯加西部繁殖，在大西洋东北沿岸过冬。

金鸻
——在美国南部越冬，在加拿大和西伯利亚繁殖。

家燕
——在美国北部到处都可以发现，在美国南部越冬。

鸟类档案

* 一些科学家认为，迁徙现象出现在最近一次冰期快要结束的时候，这时候冰川后退，北半球北部的陆地也开始变暖了。
* 鸟类可以不吃不睡地进行非常长距离的飞行。不过，观鸟者说，在旅途中，它们必须在合适的地方停下来“加油”。
* 鸟类可以通过星星、太阳、磁场以及视觉信号，如山脉、河流和海岸线来辨别它们旅途的方向。
* 北极燕鸥一个来回的迁徙旅程有足足35 400千米远，这还不算最长的，它败给了灰鹱——它们的行程有64 370千米！

了解你那里的鸟类

你知道吗？观鸟是最流行的户外活动之一呢！你可以去听关于它们的课程，去进行野外考察，或者找到观鸟者会去的地方——大部分观鸟爱好者都会非常乐意帮助你学习。你也可以干脆直接走到户外，开始你的鸟类观察。

你已经了解到了，鸟类大家族的成员们有着各种各样的形态和大小，不过也可以大致将它们分为几类，下面就是一些常见的类型。

* 水禽：（包括鸭子、雁、天鹅、鹈鹕、白鹭和苍鹭等）它们居住在咸水或淡水的旁边，有很多种水禽会进行长距离的迁徙。
* 猛禽：（包括鹰、隼、鹗、猫头鹰等）它们是一类靠捕猎为生的鸟，拥有强壮的勾形喙和有弧度的爪子来捕捉猎物。
* 鸣禽：（燕雀、鸫、莺、鹪鹩和麻雀等）它们适应性很强，广泛分布于世界各地。有一些会迁徙，有一些则终年生活在同一个地方，它们也是我们后院中常见的、喜欢去喂食的鸟类。

褐鹈鹕
——分布在大西洋和太平洋沿岸

白头海雕
——夏天在加拿大或阿拉斯加州，冬天在美国本土的48个州

金翅雀
——美国大陆上到处可见

家麻雀
——喜欢住在人类的周围，在美国大部分从南到北的区域里都能见到

在这里创作你的鸟类笔记或鸟类绘画吧，也可以把你拍摄的鸟类照片贴在下面哦！

有一个合适的双筒望远镜和一本好的野外观鸟指南书能帮助你很多！

日期：　　地点：　　时间：

恼人的花粉热（枯草热）

整个春天，花草树木你追我赶，各个都爆芽开花。尽管我们为这些色彩的盛宴欣喜若狂，但是，这些颜色明亮的花瓣却不是为了我们欣赏而设计的，而是为了吸引昆虫、鸟类，甚至蚂蚁这些能帮助植物传粉（受精）的动物。授粉作用产生了更多的种子，也就意味着植物将有更多的后代，接着，下一个轮回又将开始：更多的后代开更多的花，最终目的就是制造出更多的植物，这就是物种的生存之道！

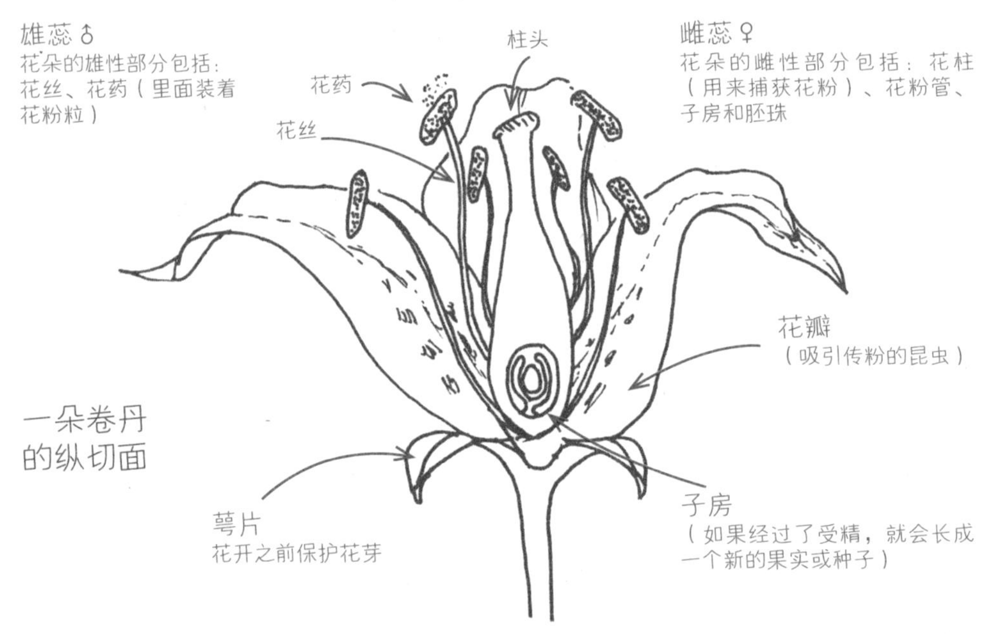

传粉者飞向花朵的动力，来自于寻找花蜜来填饱肚子和喂养它们的后代。当它们吸食到美味的花蜜水时，也不知不觉地从雄蕊上粘上了一些细小的花粉粒（这就是花朵的雄性部分），当它们飞到另一朵花上的时候，花粉就会无意间掉落在雌蕊（花朵的雌性部分，胚珠就在子房中安稳地躺着）上。一旦花粉粒穿过花粉管，来到子房与胚珠会合，一个新的果实或者种子就将开始孕育。

树可以分为：

靠风力帮助授粉的花（风媒花）——通常是先花后叶的（包括常绿的针叶树、枫树、桦树和橡树）。

靠昆虫帮助授粉的花（虫媒花）——传粉者有蜜蜂、蚂蚁、蝴蝶等（这样的树种有：苹果、樱桃、玉兰、紫丁香）。

花粉档案

除了昆虫和鸟类以外，风也能传播大量的花粉。这些花粉来自于常绿树、橡树、豚草和其他很多的禾本科植物，然而，这其中的某些花粉会引发一些人打喷嚏、浑身发痒等过敏症状。

当你看到空气中卷起的团团“花粉云”飘浮在汽车和水洼的上方，你就明白了：这是大自然中生命的求生方式之一。

我能记住这件事的原因非常有趣：让人打喷嚏的花粉是一朵花的雄性部分，我管它们叫“坏爸爸”。

不是每一粒花粉都能幸运地找到雌花的，很快，那些可怜的花粉粒将会烟消云散，它们落到地上，成了一个个“僵尸爸爸”，那么还剩下谁呢？是那些“好妈妈”，它们将会继续开花和结果。

红枫
（风媒花）

满载花粉粒
花粉飞向柱头
雌花授粉成功

……然后，
掉到地上

下一个春天
……下一个新生命的开始！

啊？啥时候给咬了个包？

许多昆虫都在5月开始出现在我们的视野，其中有些家伙会让我们非常抓狂！蚋、蠓和蚊子似乎应该被称为害虫，但是它们在大自然的循环过程中也起到了重要的作用。

当这些虫子咬你的时候，并不是因为它们不喜欢你，而是因为它们需要从你（准确地说，是你的血）那里获得食物。不过，要记着，对于鸟类和蝙蝠，还有一些其他动物，比如鼩、蛇和青蛙来说，所有这些咬人的昆虫又成了它们的美餐。

昆虫 身体分三节

翅膀

头

胸

腹

6条腿全部长在胸部

不对！ 要认真观察！

蜘蛛 身体分两节

没有翅膀

头/头胸部

腹

8条腿全部长在头胸部

不对！

蜘蛛和昆虫很难画，因为它们老是动来动去！不过，如果你知道它们的身体是两侧对称的，就会变得好画得多。也就是说，你沿着它们的背画出一条中轴线，这条线两侧的形状就是一样的（对称的）：

* 我们把研究昆虫的人叫作昆虫学家。
* 专门研究蝴蝶的人被称为鳞翅目昆虫学家。
* 而那些研究甲虫的人呢？他们是鞘翅目昆虫学家。

第184~185页会更详细地讨论昆虫问题，198页有更多蝴蝶和蛾子的信息。

在这里创作你的昆虫写生，或者贴上你的昆虫摄影照片吧：

日期： 地点： 时间：

绘制自然寻宝图

在你家周围或者学校操场上，或者附近的公园中开展一趟“自然眼力大考察”吧。你也许想随身带上双筒望远镜和一个放大镜，这样，连那些隐藏起来的小东西也逃不出你的眼睛啦！比如，这能帮你看到树林中的鸟或者在地上爬行的小昆虫。

把旅行的路线画成一幅地图，每一个你遇到自然迹象的地方，都用“×”号标记出来。你可以邀请家人或者朋友按照地图上的路线再走一遍，看看他们是不是也能发现同样的景物。你也可以给他们在沿途留下点小记号或者一些小惊喜！

在这里画出你的寻宝地图吧：

日期： 地点： 时间：

6月

JUNE

呱呱坠地

现在，进入夏天的第一个月了，它的名字是以古罗马女神朱诺（Juno）的名字命名的。她是众神之王朱庇特（Jupiter）的妻子，所以，她是众神之后。由于朱诺是女性和婚姻的保护神，所以，自古以来，人们都很喜欢把婚期安排在6月。

这个月将迎来夏至日，一般会在6月20~22日左右，每年稍有不同。这一天，太阳在天上待的时间最长。当然，具体的日照长度得看你住在哪里，在地球的最北边，很多天甚至长到连夜晚都没有了。

北欧的盎格鲁－撒克逊人把6月称为“仲夏月”，他们会在这个月最长日照的那天举行庆祝活动。在美国和欧洲的一些地方，人们也会点起篝火，燃起烟花，载歌载舞地赞美和感恩这宏伟壮丽的太阳。另外，你应该知道，有一部有关这个月的精彩戏剧，那就是大名鼎鼎的《仲夏夜之梦》。

越过了溪谷和山陵，穿过了草丛和荆棘，
越过了围场和园庭，穿过了激流和焰火，
我在各地漂游流浪。

— 威廉·莎士比亚，《仲夏夜之梦》（第二幕，第一场） —

我的自然笔记

日期:	时间:
地点:	温度:
天气情况:	
月相:	日出时间:
	日落时间:
看看窗外的景色或者出门走走，简要地记下你的见闻。你可以画画，也可以描述当时的感觉。	

你能从大自然中发现什么？

每个月的开始，去四周好好地观察身边的自然吧。散步时，你尽可以睁大眼睛、竖起耳朵、张大鼻孔去搜寻，有什么现象透漏了这个季节的消息？试着在不同的日子来寻找，看看每一次你的答案有没有变化？

你能发现这些吗……

描述你注意到的现象

- ☐ 燕子在四处寻找虫子 ____________ ____________
- ☐ 给我们带来凉爽的积雨云的形状 ____________ ____________
- ☐ 夜晚蟾蜍的大合唱 ____________ ____________

你还能发现什么？

- ☐ ____________ ____________
- ☐ ____________ ____________
- ☐ ____________ ____________
- ☐ ____________ ____________
- ☐ ____________ ____________
- ☐ ____________ ____________
- ☐ ____________ ____________
- ☐ ____________ ____________
- ☐ ____________ ____________
- ☐ ____________ ____________

属于6月的图画

从你的日记中选择一到两个（或者更多）事物，把它画在这里，或者把它的照片贴在这里。

日期： 地点： 时间：

夏至日

对于北半球来说，6月是白天最长的一个月。在北极圈内，太阳一天24小时地在天空放出光芒。从北极圈往南走，你会发现，每一个地方的日照长度都不一样，直到你来到赤道附近，那里几乎全年都是昼夜平分的。总之，太阳到底有多长时间照耀着我们，跟地球公转的轨道，以及阳光照射地球的角度都有关系。

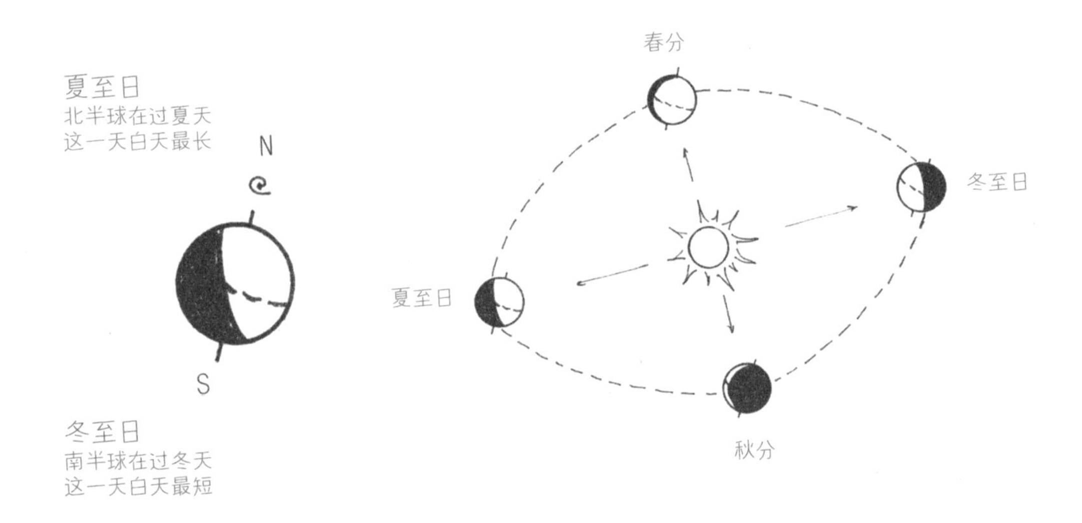

随着地球不断地绕太阳运转，现在，北半球正接受到最多的阳光，而南半球则刚好相反。在6月的20日、21日、22日这三天里，有一天是一年中白天最长的，我们把这一天叫作夏至日。在我住的地方，夏至日这天的白天有15小时零17分钟那么长（在冬至日的时候，只有可怜的9小时零4分钟）。

难怪自然界中的生命在夏天是如此的繁忙和活跃，而冬天却都安静了下来，甚至进入休眠。你能感受到这种差别吗？查一查你的日出日落表，在一年中的夏至日和冬至日，你那里的日照长度分别有多少呢？

“至日”（solstice）一词来自于拉丁语的“太阳”（sol）和“站着不动”（sistere）这两个词的组合。“夏天”（summer）这个词则来源于古英语sumor，意思是“最温暖的季节”。

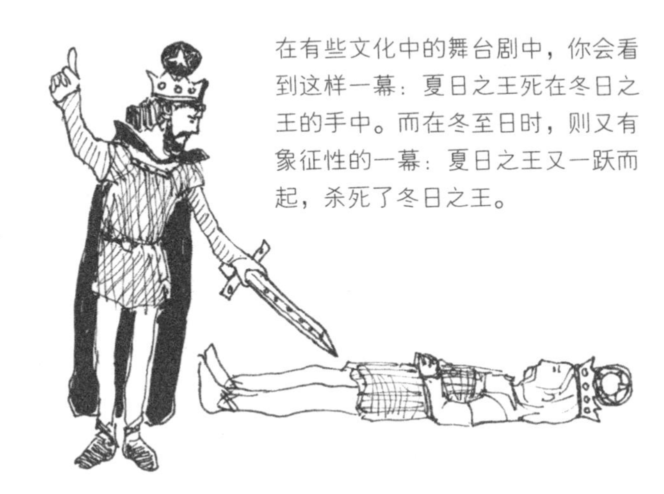

在有些文化中的舞台剧中，你会看到这样一幕：夏日之王死在冬日之王的手中。而在冬至日时，则又有象征性的一幕：夏日之王又一跃而起，杀死了冬日之王。

在有些古老的文明中，人们把太阳看作上帝、父亲或者万物的统治者。而大地则被看作是母亲。月亮呢？是姐妹。在这个一年中生命健康活泼的时候，在这个播种和收获之间的季节，人们举行婚礼、举办盛宴、出海航行、奋勇拼搏。

即使是在夏天这样无忧无虑的日子，人们也明白大自然的循环仍在继续，过了夏天，冬天的脚步就越来越近。为了确保能安全地度过严冬，大伙儿都在好好准备，好多好多事情得赶在这个充满阳光的夏天做完。

夏天里为冬天做的准备

即使是在夏至日这天，你也能嗅到几丝冬天来临的气息，下面这些迹象，在你生活的周围有遇到过吗？

* 花园中开始种植冬季的食物（玉米、豌豆、菜豆、甜菜——还有什么）。
* 干草和地里的麦子旺盛地生长，渐渐地成熟，可以收割了。
* 许多树木和农作物身上，已经结满了种子。
* 长长的白天促使动物们四处觅食。
* 鸟儿的歌唱声逐渐稀少，因为它们正忙着照顾自己的孩子。

放暑假了！
现在是到处奔跑、
玩耍和发现新世界的时候！

下面这些活动很适合在6月进行，有些自然中的现象也是这个月最容易发现的。到月底的时候回顾一下，看看这些事儿你是不是都做过了？

- 6月的晚上到户外去是非常美妙的。卷起一条毛毯，带上一袋爆米花，再装瓶饮料，去尽情地欣赏我们的夜空吧。你可以支起帐篷，在你家后院中度过一个晚上。也可以到一片大草地中找到一个露营点，如果能找到一个树林中的空地，说不定你能看见夜空中会聚集千万只萤火虫，嘘！它们这是在和自己的伴侣追逐玩耍呢！

- 拿起日历本。在上面圈出几个上午或下午，这是去户外活动的时间。不用计划什么！邀请朋友或者家人和你一起出去就好。你们可以干的事情有很多：去到处逛一逛；在附近的小河边钓钓鱼；去参观一下当地的自然中心；试着发掘一条新的徒步路线；一起骑自行车；垒一个城堡，在里面吃一顿野餐；去荒郊野外散散步等。

□ 和朋友们一起建立一个博物学俱乐部吧。规划一个寻宝之旅，看看谁能发现最多的鸟类、哺乳动物、两栖动物、爬行动物、昆虫、鱼类、树木、农作物、花卉或者岩石？

□ 全神贯注地捕捉6月的色彩。你能找到多少种色彩有别的花朵？你能发现多少种明暗不同的绿叶？一年中的这个时候，太阳升起的颜色是什么样的？用水彩或者彩色铅笔或者马克笔来创作几幅6月的风景画吧。

□ 找一本关于动物的好书，每个星期了解一种新的动物。世界上有趣的动物太多了，下面是你可以试着去了解的一些：

* 臭鼬
* 短尾猫
* 河狸
* 斑点钝口螈
* 大蚊
* 小红蛱蝶

* 棉尾兔

* 鳄龟
* 束带蛇
* 蓝鸲
* 渡鸦
* 蓝腮太阳鱼
* 马鹿
* 驼鹿
* 野牛

树木：空气的过滤器

通过观察一个地方的树木，我们能得知那里的很多信息：土壤类型、水源状况、温度、生态系统、纬度、经度，还有这片土地是否健康。不过，树木做的最重要的事情之一就是，保持我们的空气清新。所有的动物和植物体内都包含了碳元素。绝大多数生物的呼吸都是一样的：吸入氧气，呼出二氧化碳。植物却有一个相反的过程：它们吸收二氧化碳，并向空气中释放氧气。我们在燃烧化石燃料获取能量的时候，也会产生二氧化碳。

亿万年来，大气中的氧气和二氧化碳含量总能保持一种平衡。但是，自从人类开始用化石燃料获取能量，而且砍伐了太多的树木之后，这个平衡已经发生了变化。现在，大气中的二氧化碳含量在不断攀升，再加上越来越多的污染气体，形成了包围着地球的一个气层。这个气层就像温室一样，使热量聚集在其中无法散去。

碳循环

二氧化碳、甲烷、一氧化亚氮、臭氧等气体在低空中被困住了，就像在温室里一样。
放出氧气
植物
吸收 二氧化碳
放出二氧化碳
动物
吸收氧气
二氧化碳和其他的燃烧化石燃料产生的有污染的气体排入空中。
腐烂的动植物为土壤增加了碳含量。
树木和其他植物燃烧或被分解也会向大气释放出二氧化碳。
海洋中也有碳元素

不要小看虫子

如果你在家种有绿色植物、花卉或者在后院栽种着遮阴树，在农场里长着高高的草丛，那你就等着虫子大驾光临吧。你知道吗？地球上昆虫的数量比其他所有生物加起来的总数还要多很多，所以，请对你的6条腿邻居投去敬意的目光！如果没有昆虫，很多植物将无法授粉，分解循环的作用就会失调，那些以昆虫为食的动物也会遭受饥饿甚至死亡，总之，这个世界将会崩溃。

如果有蚊虫叮咬你，原因很简单：母蚊子需要血液营养大餐来产卵；而蜜蜂或蚂蜂只有在受到生命威胁的时候才会发起攻击。

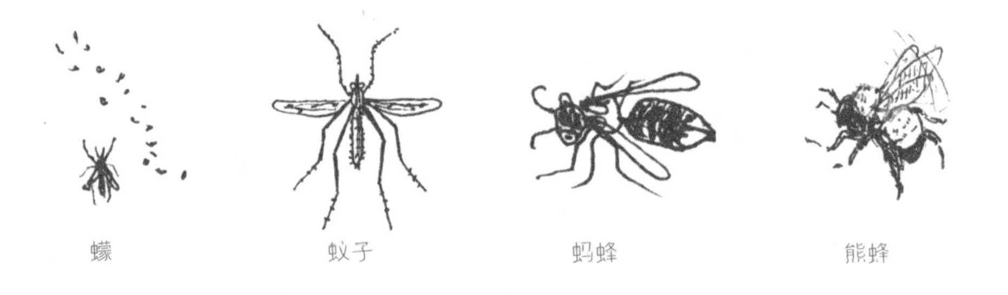

蠓　蚊子　蚂蜂　熊蜂

大多数昆虫都不会烦你，它们会在一旁忙自己的事情，观察昆虫是很有趣的，比如：

蚱蜢　蜻蜓　蝴蝶

捉虫子

——带上一块速写板，一些收集瓶（盖子上有孔的那种），到一个池塘或者蝴蝶的巢穴旁，看看能在你家后院发现些什么？

——捉到虫子观察完以后，请将它们放生。另外，不要使用“臭虫消灭器”，因为它会把一些有益的昆虫也杀死。

所有的臭虫都是昆虫，但不是所有的昆虫都是臭虫

说来说去，臭虫和昆虫到底有什么不同呢？昆虫纲是一个生物学的分类名词，它包含了30个不同的目或者说类型。下面就列举了其中一些目的种类。其中一个目叫作半翅目，它们的翅膀分为两部分，嘴巴就像一根吸管那样，可以从植物身上吸食汁液。

半翅目
乳草蝽
椿象

蜻蜓目
蜻蜓
豆娘

同翅目
叶蝉
蚜虫
蝉

双翅目
苍蝇
蚊子
大蚊

膜翅目
蜜蜂
蚂蜂
蚂蚁

鞘翅目
所有的甲虫

鳞翅目
蝴蝶
蛾子

直翅目
蟋蟀、蚱蜢、蝗虫
蟑螂、螳螂

甲虫的种类比世界上其他所有的动物种类都多——大约有350 000种——而且每年还都有不断被发现的新种。这个数字意味着世界上平均每5种动物里就有一种是甲虫！

虽然昆虫的种类不计其数，它们的体色和相貌也千变万化，斑斓多姿地让我们惊叹万分，不过，所有的昆虫都有一些共同之处：它们的骨骼都长在肉的外面，身体都可以分为三个部分（头、胸、腹），都有三对足。大多数的昆虫都有触角，而很多种类都有两双翅膀。

6月的图画

画动物的小宝宝是很有趣的。它们长得像父母，但头部的比例相对较大，大大的眼睛，占据了小脸的好大面积，所以看起来非常可爱！有些刚出生的小宝宝身上有着不同的斑纹。

浣熊的幼仔
——小浣熊

1.

画三个圆圈：分别对应身体、肩膀和屁股。然后，再画一个圆圈，确定头的位置。

2.

再添上耳朵、眼睛、鼻子、尾巴和脚——注意比例要协调！

很小的时候就会爬树了！

3.

最后，补充细节：皮毛、胡须、爪子。

画皮毛的线条要像你抚摸动物的感觉那样

看就好，不要摸！

如果你真的在野外看到了一只动物的幼仔，静静地看就好，不要把它带回家，即使你觉得它是只走失的小家伙。要知道，这些幼仔仍然是野生动物，野性十足，并不适合作为宠物来养。虽然它们现在还小，可是不用担心，它们已经有了生存下去的能力。而且，在大多数地方，没有证件允许，私自带走野生动物是违法的。

我们曾经在家里的大枫树前遇见过三只小浣熊呢！

白尾鹿的宝宝
——我们管它叫幼鹿

用保护色可以很容易把自己隐藏起来

拿起你的笔记本或者相机，去动物园或者自然中心去寻找动物宝宝们吧。你也可以参照书上的图来画——这是我画的兔宝宝。在这里画出你的动物宝宝吧：

日期： 地点： 时间：

筑起暖巢

6月对于鸟儿来说是个繁忙的季节，不过你可能听不到多少它们婉转的歌声了，因为鸟爸爸和鸟妈妈正忙着喂养和照料它们的孩子，还要保证孩子们能安全地隐蔽起来。现在，去你家后院、空地中或者找片林地，轻手轻脚地静静搜寻，竖起耳朵，睁大眼睛。也许，你能听到雏鸟们在尖声嘶叫，这是它们在央求父母喂给自己更多的食物；也许，你的眼前会忽然掠过几个小小的身影，那是它们开始离巢试飞。有些鸟类每年夏天会孵出好几窝雏鸟，它们要不停地抚育每一窝小鸟长大，这样一来，要一直忙碌到7月末。

仔细观察，你也许会发现藏在树上或者灌木丛中的鸟窝，甚至就在你家阳台上也有鸟来做窝！鸟类会用各种各样的材料来建各种各样的巢。它们知道该用什么东西来搭建自己的爱巢——天生就知道！

你可能发现的鸟巢：

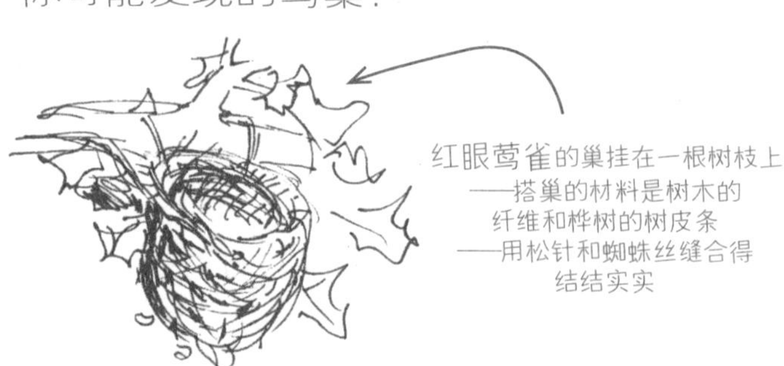

红眼莺雀的巢挂在一根树枝上——搭巢的材料是树木的纤维和桦树的树皮条——用松针和蜘蛛丝缝合得结结实实

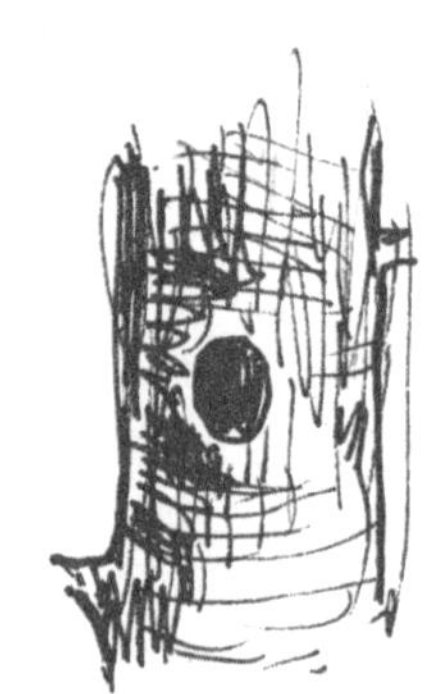

山雀或者啄木鸟——它们的巢在树洞里

试着在一个果酱瓶口处，自己搭建一个鸟窝，用牙签或者捡的小木棍都可以。看看到底需要多少根建筑材料呢？或者从户外收集一些材料，看看你能不能编织到一起做一个鸟巢。不过，真正的挑战是，这一切都要用嘴来完成！

鹰、隼、渡鸦和乌鸦
——都用树枝来搭窝

雀鸟和燕子
经常把窝建在建筑物的屋檐下
——用泥浆来筑巢

橙腹拟鹂
——巢穴挂在遮阴树的树梢上

——建筑材料是植物的纤维、筋丝和毛发

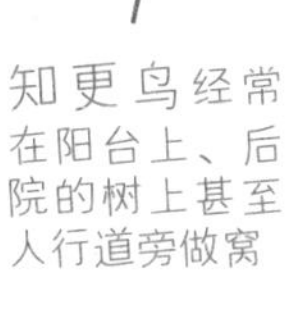

知更鸟经常在阳台上、后院的树上甚至人行道旁做窝

——它们的窝是用细树根、松针、植物筋络和草叶织成的，窝的里面还会涂上一层泥巴

帮一把

你可以在当地鸟儿活动的附近放上一些材料，好帮助它们筑巢。留心看看，它们会不会收集比较短的纱线或者筋丝呢？

这些材料包括：烘干机上的线头、梳子上的头发或者给你的宠物小猫小狗梳下来的毛，用稻草或者纸屑做成的材料等——别把任何塑料制品放进来就行。

7月

JULY

无限风华

7月（July）是以古罗马的政治家恺撒大帝（Julius Caesar）的名字命名的。他在公元前46年修改了罗马的历法，把每个月以神灵或者政治家的名字命名，这些名字我们至今仍在使用。欧洲北部的人们把这个月的名字叫作“干草月”，而一些美国本土的部落也把这个月的月亮称为“干草之月”。

这是因为，即使烈日当头，许多地方的农夫也要在地里拼命地收割、干燥和打包他们的牧草，有些要作为干草拿去卖，有些要留着冬天喂养牲畜。其他的庄稼现在也陆续成熟了——你最喜欢的是什么呢？玉米？蓝莓？桃子？菜豆？还是西红柿？

7月是一个非常适合户外活动的月份。在户外，兴致勃勃的博物学家感兴趣的事情多得不得了。如果你那儿白天太晒太热的话，可以每天早晨和晚上走出家门。回想一下清晨5点之前和傍晚7点以后的天气，唔，可是像冬天一样冷飕飕的呢！

夏日时光，轻松惬意，
鱼儿跃起，棉花高举。

— 乔治·格什温《波吉与贝丝》 —

我的自然笔记

日期:	时间:
地点:	温度:
天气情况:	
月相:	日出时间:
	日落时间:

看看窗外的景色或者出门走走，简要地记下你的见闻。你可以画画，也可以描述当时的感觉。

你能从大自然中发现什么？

每个月的开始，去四周好好地观察身边的自然吧。散步时，你尽可以睁大眼睛、竖起耳朵、张大鼻孔去搜寻，有什么现象透漏了这个季节的消息？试着在不同的日子来寻找，看看每一次你的答案有没有变化？

你能发现这些吗……

描述你注意到的现象

- □ 聒噪的蝉鸣
- □ 鹰在空中盘旋
- □ 温暖的草香味

你还能发现什么？

- □
- □
- □
- □
- □
- □
- □
- □
- □
- □

属于7月的图画

从你的日记中选择一到两个（或者更多）事物，把它画在这里，或者把它的照片贴在这里。

日期:　　地点:　　时间:

尽可能多地享受户外时光！

下面这些活动很适合你在7月进行，有些自然中的现象也是这个月最容易发现的。到月底的时候回顾一下，看看这些事儿你是不是都做过了？

□ 为我们的地球做点儿好事：不开空调；关掉多余的灯；节约用水；出门不开车，选择走路或者骑自行车；清扫你的或者邻居家的后院；种下一些花草。

□ 在一天中的不同时间做你最喜欢的夏季运动。打网球或者篮球、玩皮划艇、骑自行车、散步或者跑步的时候，留心一下当时的天气情况，光照如何，有没有云，有什么特别的声音吗，能不能看到动物的活动等。思考一下，在一天当中，这些自然现象是怎么变化的。

□ 蝴蝶花园已经变得十分流行。如果你希望自己的花园能吸引这些可爱的游客，可以从种植香蜂花、黄雏菊、马利筋、大叶醉鱼草、莳萝或者金盏菊开始入手。

就像这首诗告诉我们的，
你也许还能看到花园里其他美妙的东西：

仙女们去哪儿了？
我们去哪里能找到她们？
为什么，她们一定会在你的花园里停歇！
有花开的地方，就一定会有仙女！

— 西塞莉玛丽·巴克，《花仙子》 —

□ 跟踪温度的变化。用气温表记录你那里每天的气温。你经历过热浪吗？你那儿干旱吗？或者雨水成灾？把你的记录和我们国家其他地区的气温比较一下，看看有什么不同？

□ 这是属于桃子、浆果和瓜果等各种水果的季节。你可以去当地的农村集市上买一些新鲜的本地水果，然后做成一大盘沙拉。如果你有庭院烧烤架，那就试着烤一些桃子或者油桃吧！加点儿红糖——嗯，好吃得很哪！

□ 认识一些野菜和药用、香草类植物，在有药房和处方药之前，人们就是靠这些草药治病的。你知道吗？阿司匹林可以从柳树皮中提取，而毛地黄中含有强心剂的成分，是一种治疗心脏病的药品呢！

马利筋
——美国土著用来治疗皮肤问题

野蒜
——随处可见，用在沙拉中做调味品很不错

洋甘菊
——可以泡茶，有舒缓作用

毛地黄
——非常美丽，但是不要吃！

□ 坐在树下，读一本好书：琼·克雷格黑德·乔治的《狼群中的茱莉》（她的书都很好，都可以去读！），罗伯特·劳森的《小兔希尔》；朱迪·伯里斯和韦恩·理查兹的《蝴蝶的一生》，以及罗伯特·米切尔和赫伯特·齐姆的《蝴蝶和蛾子》。

创作你的风景画

风景画是挺难画的，不过也很有趣，开始的时候先画得简单一些。记下你看到的事物，建议先打一个框，在这个框里面画，好知道你的画到哪儿结束！框的尺寸或者形状可以随意。我画的这幅风景画是为了记住一处我不了解的地方，我10分钟就完成了。

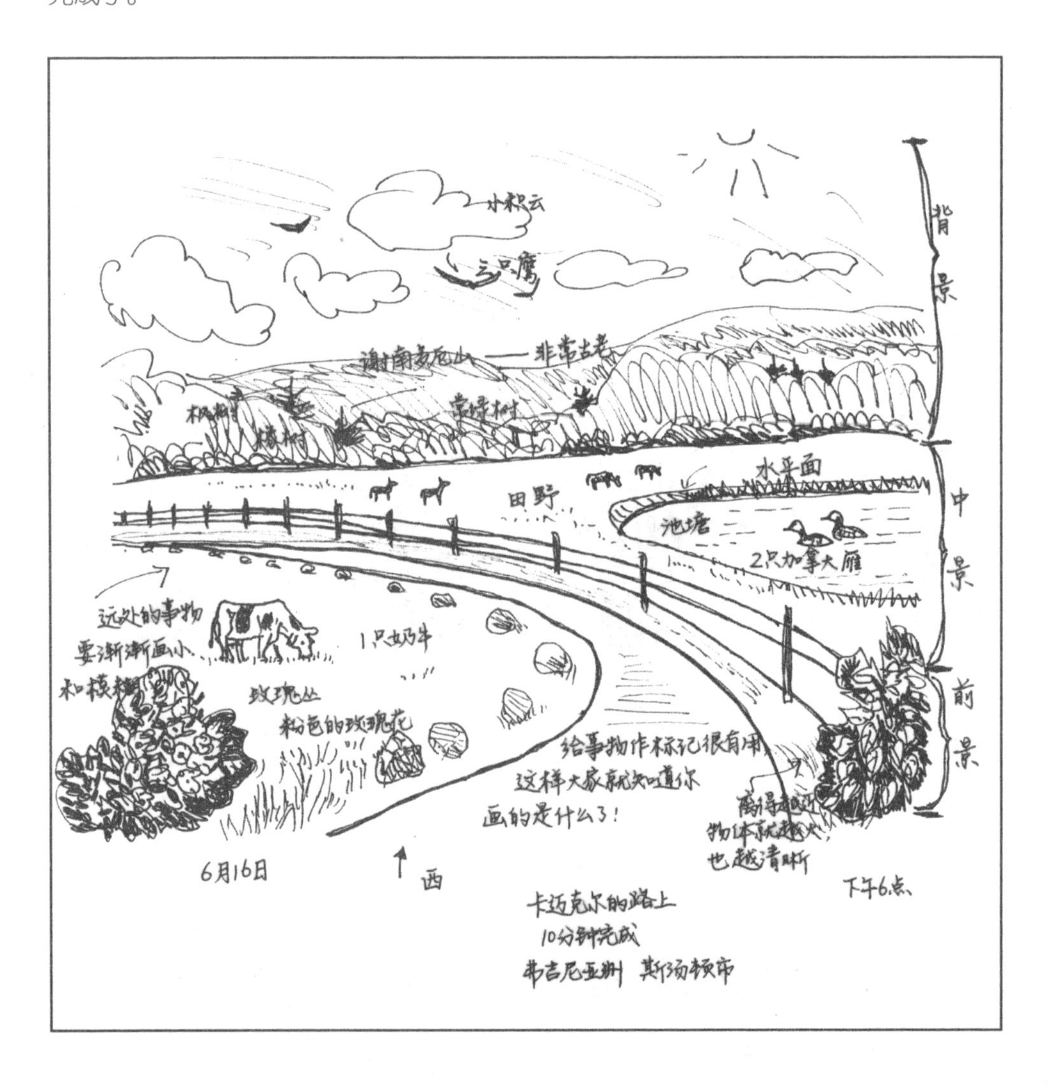

在这里创作你的风景画吧。

日期： 地点： 时间：

蝴蝶还是蛾子？

夏天的乐事之一就是，可以看到好多蝴蝶和蛾子。你知道吗？蛾子比蝴蝶早出现好几百万年！它们俩之间的差别其实挺多的，比如，蝴蝶一般都是白天出来觅食，停下来休息的时候翅膀是合起来的；蛾子呢，更喜欢夜里出来活动和采食。当蛾子休息的时候，通常会把翅膀展开。看看你还能发现什么其他的区别？

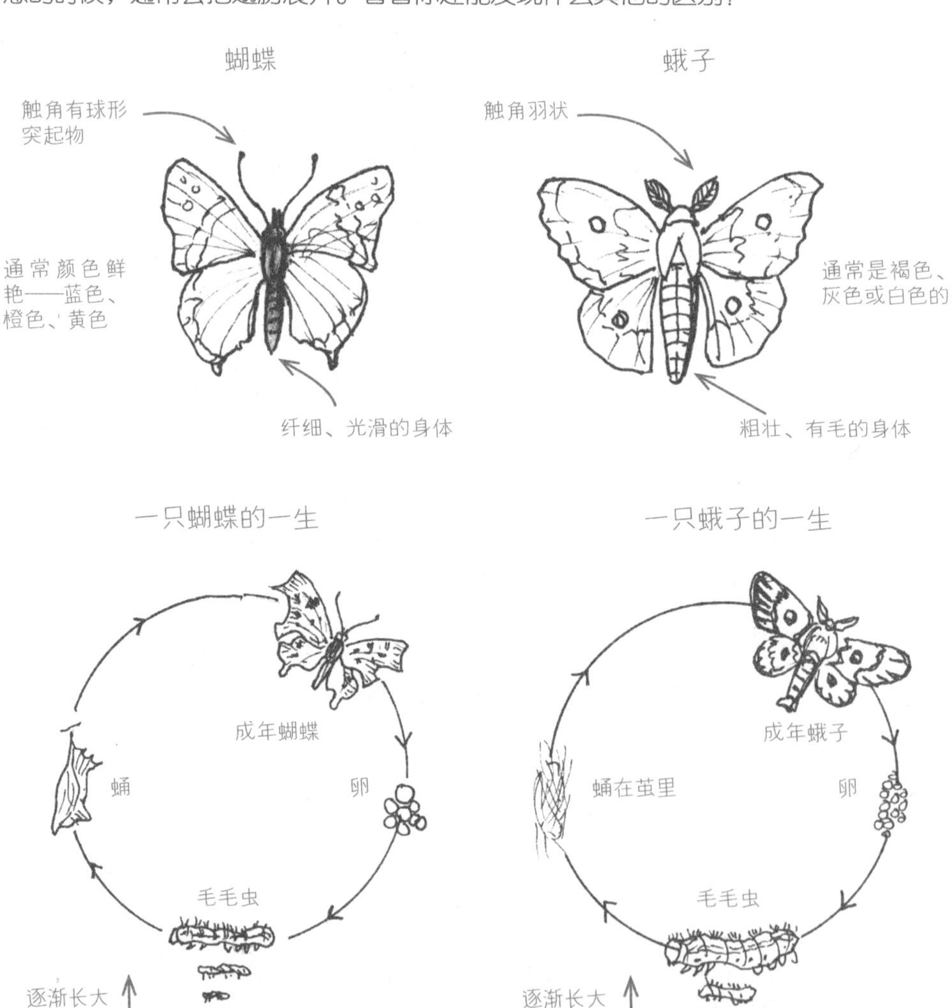

在这里创作你的蝴蝶或者蛾子绘画（照片）吧：

下面这些蝴蝶和蛾子的种类，你见过多少？

- □ 春蓝琉璃灰蝶
- □ 虎纹凤蝶
- □ 黑凤蝶
- □ 丽莎黄粉蝶
- □ 豹蛱蝶
- □ 玄珠带蛱蝶
- □ 长尾钩蛱蝶
- □ 白钩蛱蝶
- □ 赤蛱蝶
- □ 白蛱蝶
- □ 小红蛱蝶
- □ 黑脉金斑蝶

日期： 地点： 时间：

你花园里的植物长得好吗？

所有的植物都需要合适的光照时间、水分，也许还要施点儿肥或者盖一层覆盖物才能长得好，当然，天气也不能太冷或者太热。植物从土壤中吸收养分，所以花园中拥有健康肥沃的土壤是非常重要的。大自然最美的地方在于，一切事物都在循环之中——枯枝和落叶落在地上，慢慢地被分解，变成一层腐殖质，来滋养新生的植物。蠕虫和其他的小生物会把植物残体搅碎，帮助加快这个分解的过程。

如果你有一片可以用来建造自己花园的土地，最好先回答下面这些问题：

* 你想在里面种什么？
* 你的花园能得到多少阳光？
* 水源的问题怎么解决？
* 你需不需要添加一些堆肥来让土壤更加肥沃？
* 当你外出旅行的时候，谁会帮你照看花园？

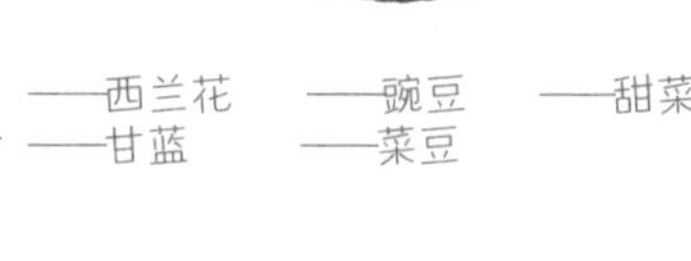

一盆罗勒

如果你没有庭院来建造花园，可以在阳台上用花盆种一些西红柿或者辣椒，或者在朝阳的窗台上养几盆香草。找一个地方种点儿凤仙花或者天竺葵吧——也许在你奶奶家的院子里。

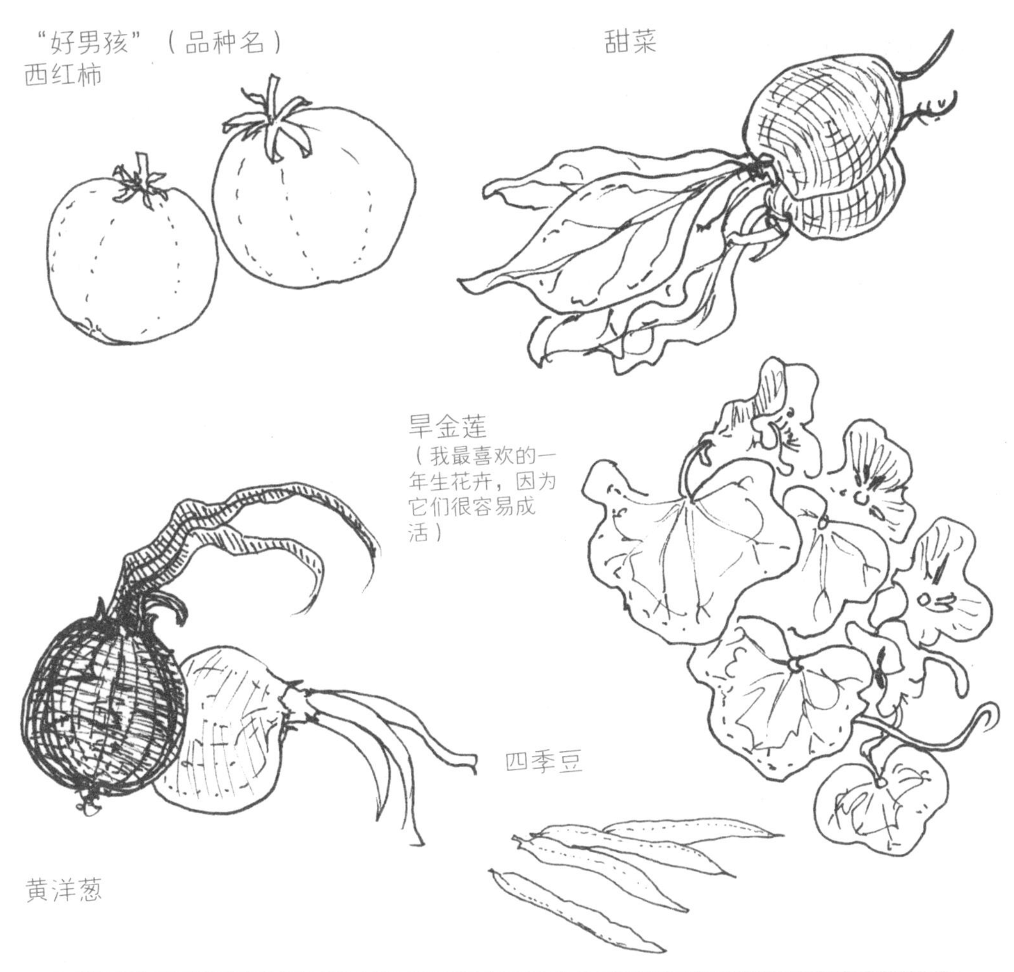

根据你所在地区的气候条件，设计一个适合当地的周年种植花园。

我的女儿安娜，在新奥尔良市的一个学校教书。她和她的学生一起在11月份建造了一个菜园，里面种了白菜、西蓝花、甘蓝和一些香草。现在很多的学校都有花园，如果你的学校还没有的话，请老师也开始建造一个吧。

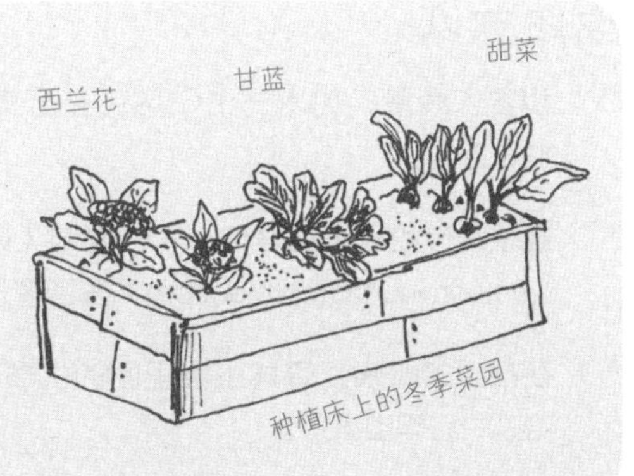

种植床上的冬季菜园

尽情享受花园里的美好时光

你可以把香草、蔬菜和花卉种在一起，也可以分开来种，有一些花有驱虫的功效，种在你的蔬菜旁边，就等于种下了天然“农药”。例如，菊花的周围，日本金龟子就不敢靠近。旱金莲可以阻止瓜缘蝽的造访，而金盏菊的气味，也会令很多昆虫望而却步。去查询一些园艺书籍，找出其他一些可以和蔬菜相处愉快的花卉吧。

* 一年生植物：你必须从种子种起，或者买播种苗来养，而且每年都得重新种植，因为它们在冬天就会死去。大多数蔬菜和许多花卉都是一年生植物。

* 多年生植物：它们在冬天枯萎，但是在来年的春天又能发芽，所以可以存活好多年。例如黄水仙、荷包牡丹、黄雏菊和大多数的雏菊种类。

你可以直接在地里播种，如果外面天气不适合播种，也可以先在室内进行。很多地方都能买到种子或者种苗，比如育苗厂、花园中心，甚至在杂货店或者五金店也有出售。

你还可以

* 和家人商量，加入一个CSA（社区支持农业）农场。
* 登录“你盘子里的是什么？”网站（www.whatsonyourplateproject.org）去了解孩子影响农作物种植方式的信息。
* 在挖土的时候，寻找土壤里面的生命（蚯蚓、鼻涕虫、昆虫的卵荚、一只潮虫、一只甲虫等）。

我的花园地图

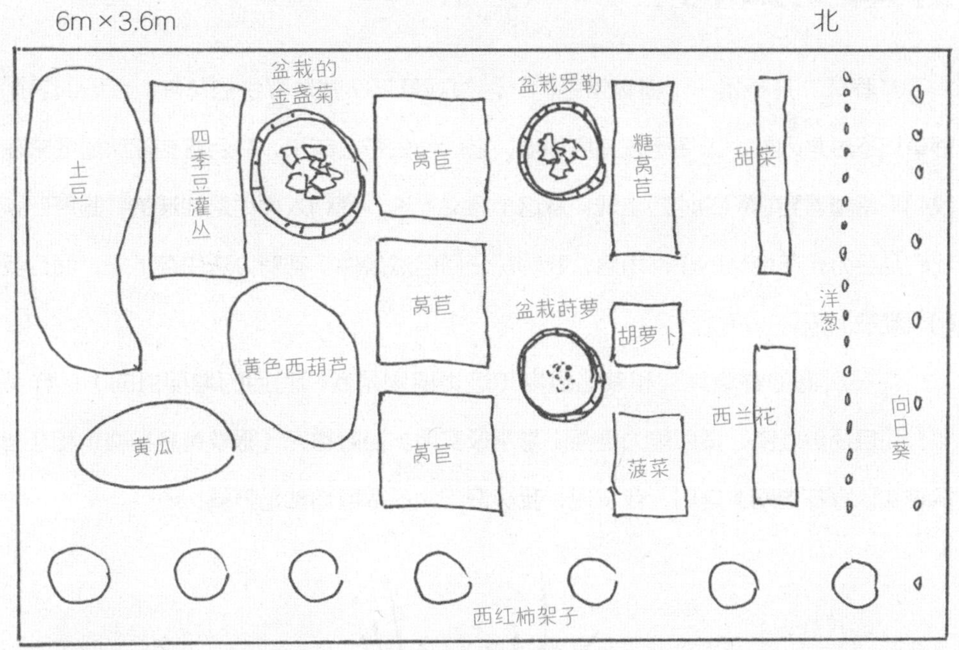

做一个你的花园地图吧（如果没有花园，那就画一个邻居家的，或者你想象中的花园地图）。

野草又如何？

“野草”并不是一个植物学名词，因为野草其实就是野生的花卉。我们叫它们野草只不过是因为，即使不去刻意种植，它们也会茁壮成长，并且这些家伙还经常在我们不希望看到它们的地方出现！从这个意义上说，我们人类也是地球的“野草”，我们几乎分布在地球的任何角落，我们在任何自然条件下都有办法生存下来，而且我们很难被消灭！

许多所谓的野草其实和栽培植物（这类植物是我们有目的地种植的）一样美丽，而且还更壮实、适应能力更强、常常很实用。当我看完《野草黄金指南》和《彼得森实地野花指南》之后，我发现，我认识的大多数植物都是野草！

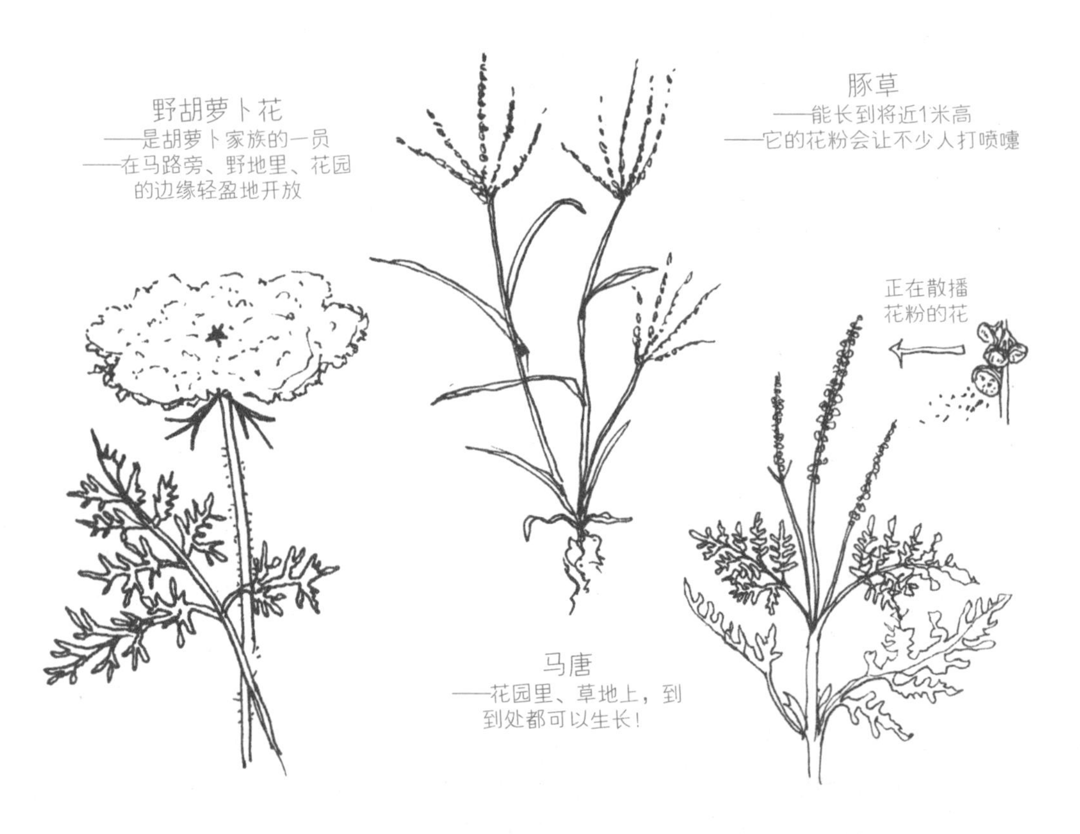

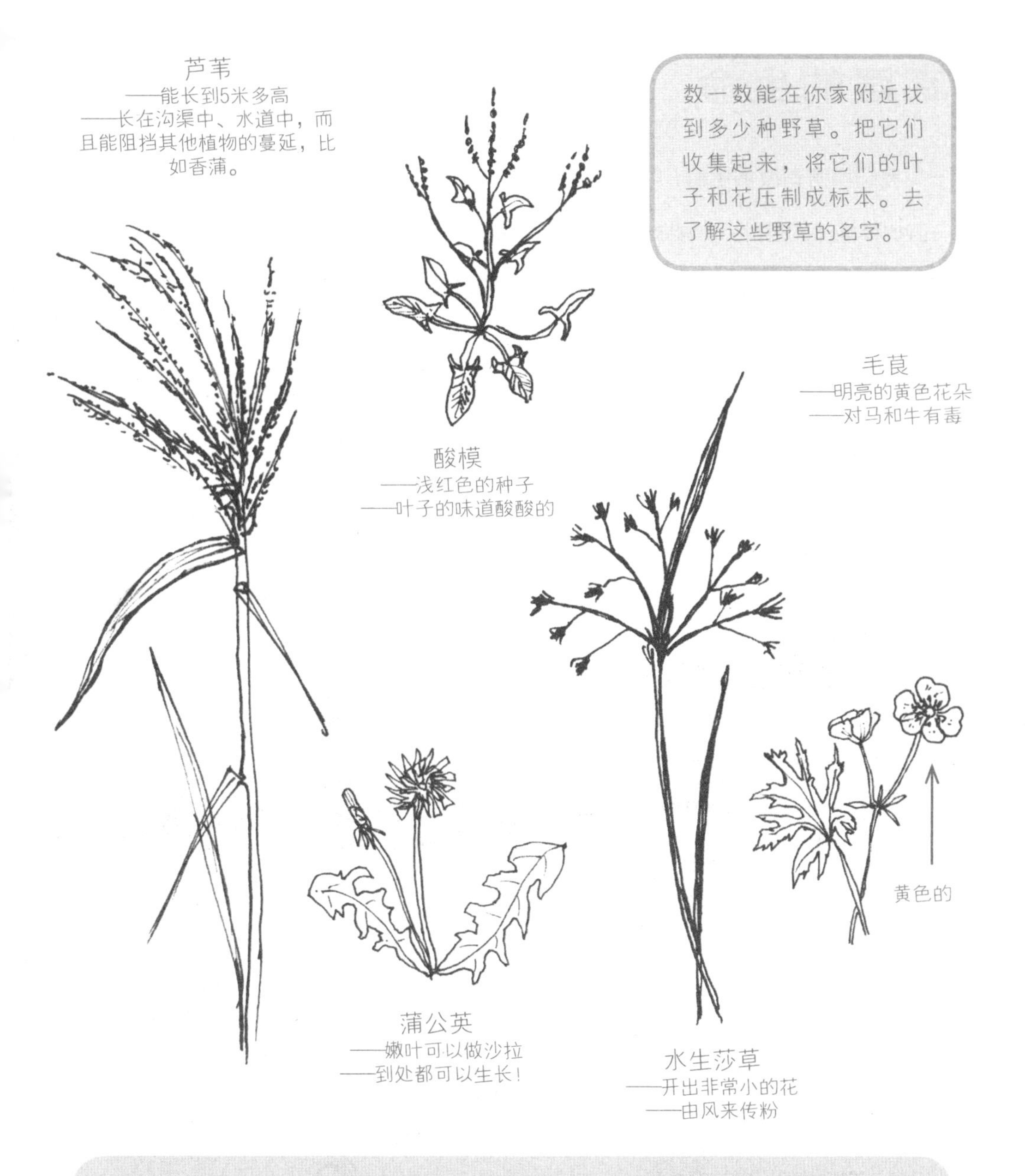

一旦开始仔细观察这些野草，你就会发现它们有着各种各样适应环境的绝招。

看看这些野草们千奇百怪的叶子、种子和根吧，难怪它们能遍地生根呢！

底层的生命

我们身旁有很多生命，平时却看不到它们。翻开一块石头或者木块，或者拨开一些树林地上的落叶，你能发现什么？在沙漠中，谁会藏在凉爽的岩缝里？在沼泽或溪流中，谁会漂浮在水草上？谁又会身披迷彩，隐蔽在卵石中？

下次到户外散步的时候，把目光垂向大地，看看那些黑暗的地方是否藏匿着小动物，你可以带上放大镜或者手电筒。当心不要伤害任何你发现的生命，而且要把你翻开的石头或木块放回原处。

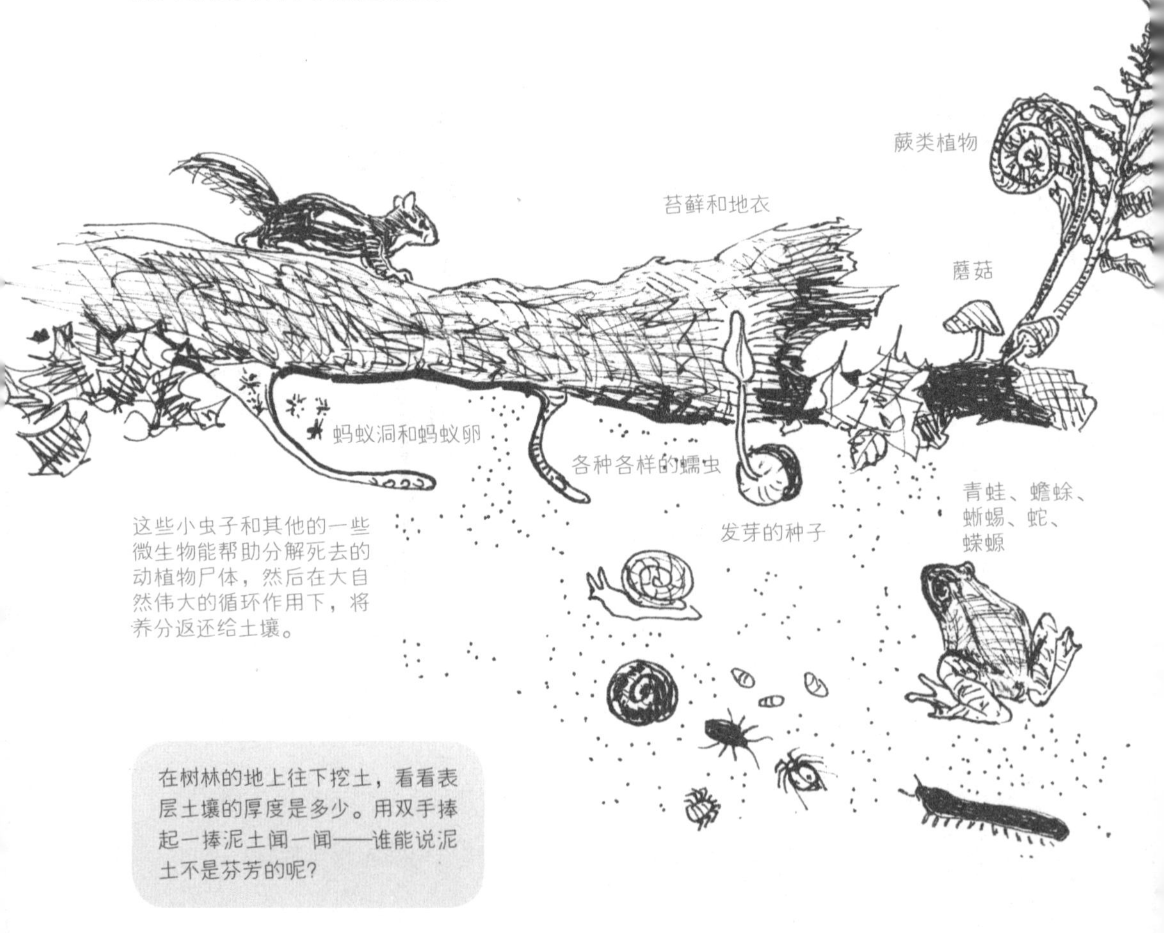

在树林的地上往下挖土，看看表层土壤的厚度是多少。用双手捧起一捧泥土闻一闻——谁能说泥土不是芬芳的呢？

在这里画出/写出你的神秘发现吧。

8月

AUGUST

水中漫游

8月是以古罗马的皇帝奥古斯都·恺撒（Augustus Caesar）的名字命名的。这个月人们都喜欢去度假，如果你要出去旅行的话，别忘了带上自然日记本。如果你来到一个新地方，就假设你正要发现一片新大陆吧！想象一下，你在和大博物学家查尔斯·达尔文或者大探险家路易斯和克拉克一起旅行，或者干脆把你自己当作麦哲伦或是詹姆斯·奥杜邦。这些伟大的探险家、博物学家给我们带回了他们旅途中许多新的发现——新的植物和动物的标本，还有对他们所见所闻的详细描述和记录。自然历史博物馆常常就是依靠这些材料建成的，它们一经展示，就引起了大众的强烈兴趣，直到今天，我们仍然为之着迷。

在北半球的任何一个地方，8月的大地上都涌动着滚滚热浪，然而这个月也是一个了解水中世界的大好时机，从温柔的夏雨到疯狂的暴风雨，从池塘到咸水沼泽，水的各种姿态都有它们独特的魅力。别忘了去关心那些水中的动物和植物，在海洋中、海滨、岛屿、河流三角洲和其他水体中，它们的身影无处不在！

多美的雨啊！它将扬尘和热浪浇熄，宽阔而滚烫的大街，狭窄而干涩的小巷，都由它清凉，被它滋润。多美的雨啊！

—亨利·沃兹沃思·朗费罗—

我的自然笔记

日期：	时间：
地点：	温度：
天气情况：	
月相：	日出时间：
	日落时间：

看看窗外的景色或者出门走走，简要地记下你的见闻。你可以画画，也可以描述当时的感觉。

你能从大自然中发现什么？

每个月的开始，去四周好好地观察身边的自然吧。散步时，你尽可以睁大眼睛、竖起耳朵、张大鼻孔去搜寻，有什么现象透漏了这个季节的消息？试着在不同的日子来寻找，看看每一次你的答案有没有变化？

你能发现这些吗……	描述你注意到的现象
☐ 蟋蟀的阵阵呼唤	
☐ 黑脉金斑蝶的身影	
☐ 流星划过夜空	

你还能发现什么？

☐	
☐	
☐	
☐	
☐	
☐	
☐	
☐	
☐	
☐	

属于8月的图画

从你的日记中选择一到两个（或者更多）事物，把它画在这里，或者把它的照片贴在这里。

日期： 地点： 时间：

水啊水，到处都是水

绝大部分人的居住地总是和水会有那么点儿关系——无论是靠近一条小溪、小河，一个池塘、水库，还是一处泉水、一片湖泊或者毗邻大江大海，我们总是喜欢临水而居。而且，在地表下面，还有一个巨大的储水系统来滋养着井水和泉水。你有没有查到你那里的水是从哪儿来的？

如果你住在城市中，打开水管，就有水了，可是你想过这些水是从哪儿来的吗？如果住在郊区或者乡下，你家里还可能会有井，我们在佛蒙特州的家那边就打了一口井，有一年夏天，在一段很长时间的干旱之后，我家的井干枯了。我们不得不用邻居家的那口更深的井来喝水和做饭。这次的经历让我们意识到，我们必须明智地使用水资源。

你也许会听到人们说：“水啊水，到处都是水，却没有一滴能解我焦渴”，但是你知道这句话是来自于诗人柯勒律治的诗句吗？

这首诗讲述了一艘船在大海中停驶了，船员们所准备的水已经喝完，即使满眼都是深极而无边海水，可是却一滴也不能饮用，你知道这是为什么吗？

你知道吗？地球表面有71%的面积都是水

地球上大部分的水都是咸水，存在于我们的海洋中，而大量的淡水都冻成了固体，以冰川的形式封存在于地球的两极。

对于许多山里的村庄来说，春天由冰川融化的雪水是他们重要的水源。然而随着冰川在慢慢地往两极缩退，这些地区的人们已经找不到足够的水了。

在沙漠地区，降雨非常稀少，即使下雨，水分也会很快蒸发掉，想一想，这里的植物、动物和人类是如何适应这种又干又热的环境的呢？

水从哪里来?

如果这个月你有机会去海边旅行，或者去一些有湖、有河、水塘的地方，或者当你来到游泳池边，打开水龙头时，想想看，这些水都是从哪儿来的呢?水有很多方式从天上来到地面：或是温柔的淅淅小雨，或是野性的倾盆大雨，也许是安静的雾，也许是吵闹的冰雹，或者以安宁洁白的雪花降临，或者狂躁疯癫地伴随暴风雨或台风闯来。

加勒比岛民们把可怕的风暴以他们的邪恶之神的名字（huracan）来命名，这也就是“暴风雨”（hurricane）这个词的由来!

流域

很多人都对了解我们所在的流域很有兴趣，所谓流域，就是一个水系的干流和支流所流经的整个地区。水流往低处流淌，汇集到最低点，最后通常就形成了一条小溪或者河流，一片湖泊或者海洋。所有的生命体都是这个流域生态系统的一部分，不论在农场、草原、山脉，甚至乡村和城市，这其中的所有生命都属于这个流域的成员。我们喝的水通常是来自于本地的地下流域，也就是地下水，所以，保护它们，并且维持我们的流域健康是相当重要的。

8 月总能给你惊奇——它忽冷忽热，时干时雨，脾气温柔中又有狂野

下面这些活动很适合在8月进行，有些自然中的现象也是这个月最容易发现的。到月底的时候回顾一下，看看这些事儿你是不是都做过了？

□ 去一个水族馆了解各种鱼类和其他的水生生物。如果你看到有人在钓鱼，走上前问问他们准备钓什么鱼——金鲈、太阳鱼、梭鲈、黑鲈还是螃蟹？

□ 边荡秋千，边唱一些有关水的歌曲。秋千和吊床是绝妙的创作和哼唱歌曲的地方。在长途汽车的旅途中也不错。我们有很多很棒的歌，关于大海、航行、海中的争斗、捕鲸与鲸鱼，在海中迷失的悲伤、漫长的海中旅行等。你可以从《炉边诗经》读起。

□ 详细了解一条你身边的小溪或河流。它流动的方式是怎样的？它从哪儿来？又将到哪儿去？都有谁在使用它？画出这个水体流经你家的路线图，看看地图上有哪些省份是以河流或者湖泊作为它的边界线的。

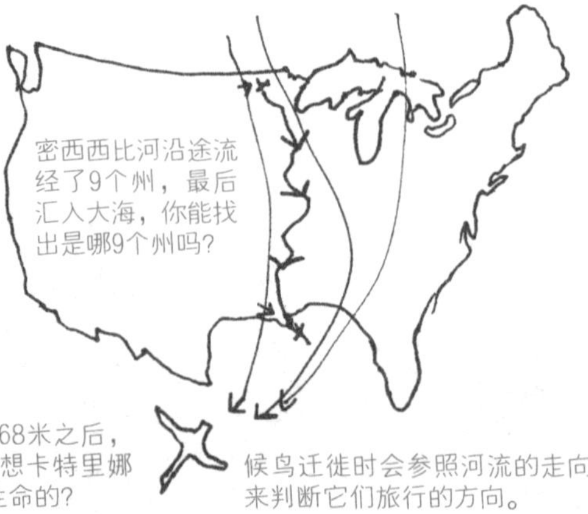

密西西比河

源头在明尼苏达州北部的草地中，流经3 783 568米之后，最后从路易斯安那州流出，注入墨西哥湾。试想卡特里娜飓风是如何影响密西西比河沿岸的居民和野生生命的？

□ 做一些和水有关的试验。找几个不同形状的容器——高而深的，宽而浅的，然后把它们都装满水。

* 看看在一场暴风雨之后，这些容器中能收集到多少雨水。
* 早上起来去看看，有没有露珠凝结在上面。
* 记录水平面的位置，每周都坚持记录。
* 这些水多久才能蒸发掉呢？

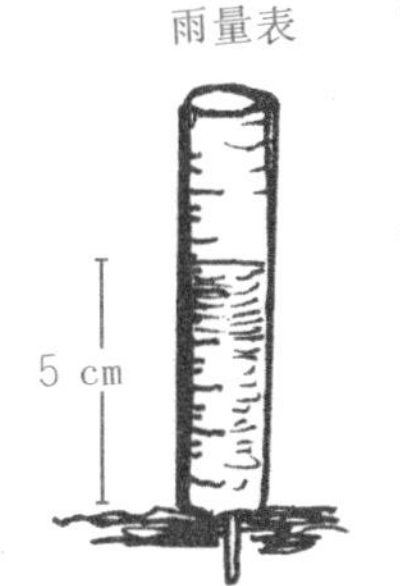

* 慢慢地，有没有生命开始在容器中滋生？
* 你有没有发现有昆虫或者其他的动物在容器中喝水或者洗澡？（虽然我们已经提防了——可是我们的狗还是时不时地喝掉我们的实验品！）

舀出那些落入水中不停挣扎的昆虫，因为它们飞不出去。

□ 练习用扁石头在水面上打水漂。

□ 和家人一起进行一次淡水或咸水的探索之旅。带上所有旅行中能派得上用场的物品：收集桶、双筒望远镜、观鸟指南、勺子、游泳衣、护目镜、钓竿，还有小船、独木舟、木筏或者皮划艇。

□ 怀揣一本好书去旅行。有一本很棒的暑期读物名叫“彼得的假期”，作者是帕姆·康拉德，讲述了一个跟随克里斯托弗·哥伦布环球旅行的男孩的故事。还有一些我非常喜爱的霍林·克兰西·霍林的有关水中探险的书——试着读一读他的《划桨去看海》和《海鸟》吧。

睁开对水生生物好奇的眼睛

许多动物一生都生活在水中。显然鱼类就是如此，不过还有其他的生命形式也是这样，我们在淡水和咸水中都能找到很多。淡水包括池塘、湖、小溪和河流，你家附近有没有淡水水体呢？下面是一些你也许能从水中发现的生物：

北美溪鳟　河鳟　20~23cm
——小溪、河流和湖水中都能发现它的影子

剑水蚤　水螅　水蚤
——大型水生生物会把这些小东西当作食物吃掉

鲤科小鱼 2~10cm
——指的是许多种小鱼的总称

5~25cm

南瓜籽鱼　——你能搞明白为什么这种鱼叫这个名字吗？

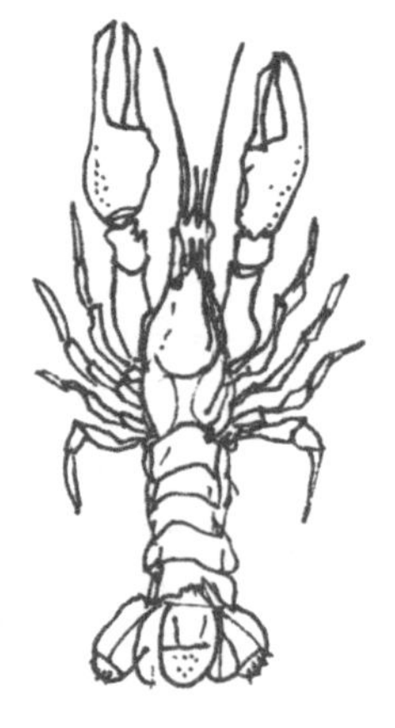

淡水螯虾 2.5~12.5cm
——藏在石头底下

划蝽（水船虫）2cm
——你会在水面发现它们

蝌蚪 0.6~2.5cm
——青蛙和蟾蜍小时候的样子

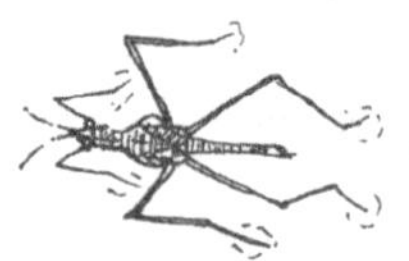

水黾 2.5cm
——在平静的溪水或湖面上滑行

你喜欢吃鱼吗？由于越来越多的人吃掉越来越多的鱼，现在捕捞足够的鱼变得越来越难了。所以，我们吃鱼的时候也要负起一点儿责任，弄清楚我们餐桌上的鱼都是从哪里来的，这种鱼是不是能正常供应。去逛逛当地的水产市场也许会帮你找到这些问题的答案。

在这里画一幅你看到的水生生物的写生吧。

日期：　　地点：　　时间：

寻找水源

到户外转转，看看你能从哪儿找到自然中的水源。草叶上有露珠吗？水坑里有积水吗？叶子背面有水珠吗？水龙头有没有在滴滴答答地流水？在你家附近，能找到多少处蕴含水源的地方？

把你发现的水源地列成一张表格。

地点	日期

你是怎么用水的？

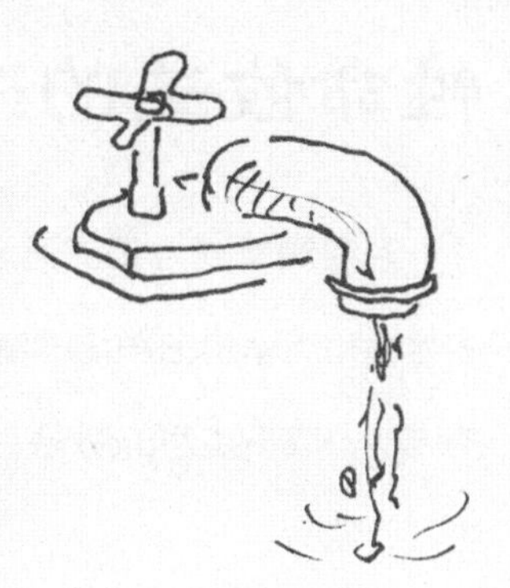

在世界上的许多地方，水是非常稀缺的，那里的人们把水当成奢侈品一样使用。想象一下，如果把每天喝水、做饭、洗澡的水都限量供应，你会是什么感觉？如果这个月有一天你被雨水困在家里，不妨想想这些事情吧：

首先，列出所有你要用水做的事情：

____

____

____

____

打开厨房的水龙头时，你知道“自来水”的真正源头吗？当按下马桶的冲水按钮时，你又清楚这些水将会排到哪里去吗？你家里有井吗？你居住的附近有没有溪水、河水或者大海？看看你能不能找到家庭用水的来源和去向？

记录一下你每洗一次淋浴和每泡一次澡的用水量。看看用洗碗机和用手洗碗相比，哪种方式用水更多？用洗衣机洗一桶衣服要用掉多少水？不同型号的洗衣机耗水量一样吗？

性命攸关的海边

沿着海岸线分布的港湾、湿地、沙滩、海涂是大自然中非常丰饶的地区。海边的滩涂和浅岸是由涌动的潮汐形成的，它们为许多鱼类和水生动物提供了产卵或孵蛋的场所，成千上万的海鸟、大型鱼类和另外一些动物依靠这些地方的丰富食物在海边生息、繁衍。

春天或者夏末的时候，那些长途迁徙的鸟儿会在这些地方停靠，这里对于它们来说，是不折不扣的“超级市场”。 在海岸边有时会涌现一种微小海洋生物的大爆发（数量激增），它们叫作磷虾，是鲸、海豚和鲨鱼的食物来源。

三趾滨鹬迁徙时会路过我们家附近的海岸线，在北极筑巢，在墨西哥湾沿岸过冬。

要完成这样的长途跋涉，它们19厘米的身躯必须在中途“加油”——啄食海岸上的沙虫，细小的幼虫和一些甲壳类动物。

地球上有四大洋：太平洋、大西洋、印度洋和北冰洋。还有四大海：地中海、黑海、红海和里海（海和洋的区别是什么？打开字典查一查吧）。

咸水中的生物

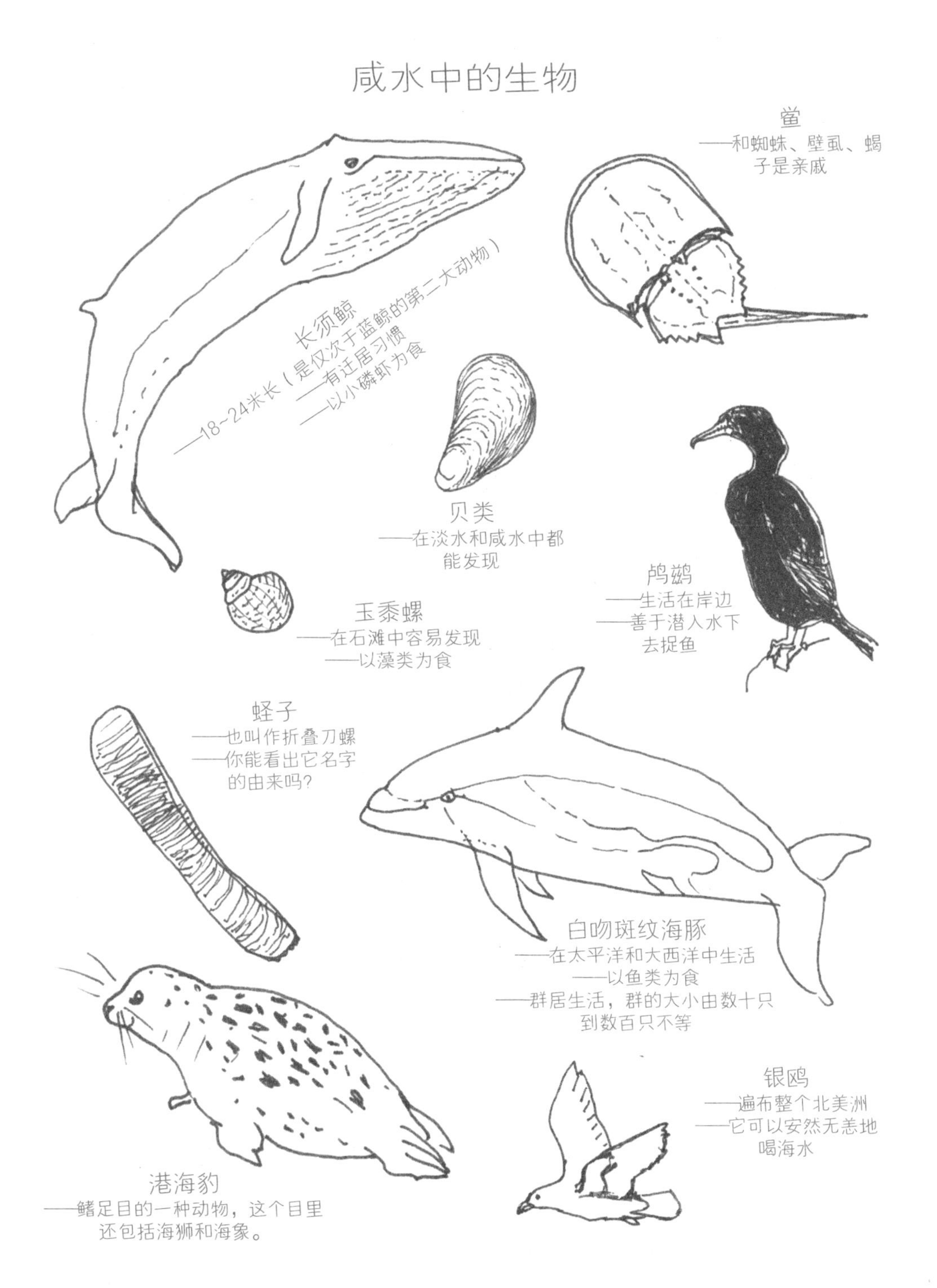
鲎
——和蜘蛛、壁虱、蝎子是亲戚
长须鲸
——18~24米长（是仅次于蓝鲸的第二大动物）
——有迁居习惯
——以小磷虾为食
贝类
——在淡水和咸水中都能发现
鸬鹚
——生活在岸边
——善于潜入水下去捉鱼
玉黍螺
——在石滩中容易发现
——以藻类为食
蛏子
——也叫作折叠刀螺
——你能看出它名字的由来吗？
白吻斑纹海豚
——在太平洋和大西洋中生活
——以鱼类为食
——群居生活，群的大小由数十只到数百只不等
银鸥
——遍布整个北美洲
——它可以安然无恙地喝海水
港海豹
——鳍足目的一种动物，这个目里还包括海狮和海象。

积累一份假日自然笔记

整理好“假期自然探险套装”，来保证你在旅行中能很好地记录下见闻，这样等到回家的时候，你就能美美地展示给朋友们了。书中第15页列有详细的装备清单供你参考。别忘记装上野外指南书，它会对创作野外写生很有帮助。

每天花上一点时间记下你所观察到的新事物。假设你回去以后要给朋友或者家人做一个关于这次旅行目的地的汇报，所以，你得认真记录才行呀！

动手做一个属于自己的百宝箱

无论是在沙滩上、在布满礁石的海边、在池塘的边缘，还是在树林中、草原上，你都可以收集在户外探险中发现的自然物品。不过，在你采集任何活植物之前，要先去当地的自然中心或者奥杜邦社区咨询一下相关的法规，还有就是你要特别留心的，当地有没有分布着濒临灭绝的物种，这些植物是绝对不能随意采集的。

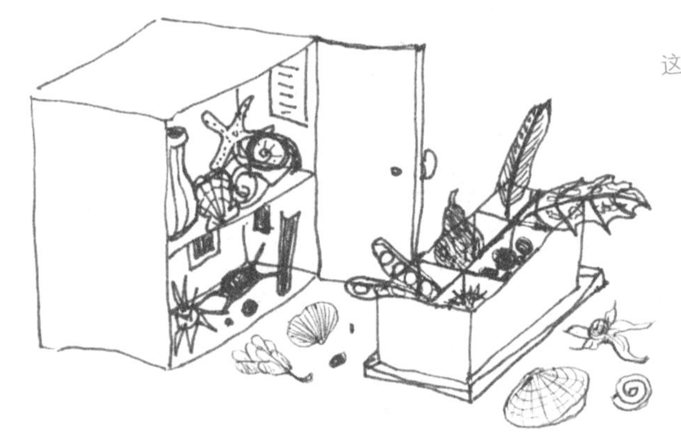

这种收集藏品的方式被19世纪的博物学家称为“博古架”，那时候著名的博物学家包括约翰·詹姆斯·奥杜邦、约翰·古尔德、威廉·巴特拉姆和亨利·戴维·梭罗等。这些博物学家以及他们的笔记和采集的物品让大家永远由衷地钦佩和羡慕。

把你收集的自然宝物用胶水粘在一个硬纸盒里展示吧，鞋盒子就很不错，用普通的白胶水就行，再在旁边为这些物品列一个清单，一个属于你自己的自然百宝箱就做好了！

假日中的自然笔记

日期	天气	今天我关注的事物

你可能会喜欢看弗吉尼娅·赖特-弗赖·森的《一个岛屿的剪贴簿》和《一个沙漠的剪贴簿》——其实她收集自然素材的方法跟你也没有什么两样。

在星空下入眠

8月份的天气非常适合在户外过夜。支起一顶帐篷，或者直接铺一张防尘垫、几层毛毯和一个枕头，就可以享受一个大自然中的夜晚了。当我的孩子们还小的时候，我们就经常这么做。和清晨一起醒来的感觉非常奇妙，虽然太阳每天都会升起，可在这特别的一天，我们能亲眼目睹整个过程，去感受光线、气温和周遭整个世界的缓缓变化，一秒钟都不落下！

* 倾听黑夜中动物和昆虫发出的声音。深夜里，你也许会偶尔听见一声鸟的啁啾，一只青蛙在嘀嘀咕咕地叫着。有时候，你会被一大群青蛙的齐声大唱所震撼；有时候，你会因蟋蟀、蚱蜢和蝉的串串低沉或明亮的夜歌而柔肠百结，这声音此起彼伏，尖啸呜咽，像是在倾诉和哀鸣着什么。

鸣虫
（不分白天黑夜）

——靠摩擦双翅发出“蛐儿—蛐儿—蛐儿”的声音

蟋蟀 2.5cm

——用腿摩擦翅膀发出“嗤嗤嗤”的声音

螽斯 3.2cm

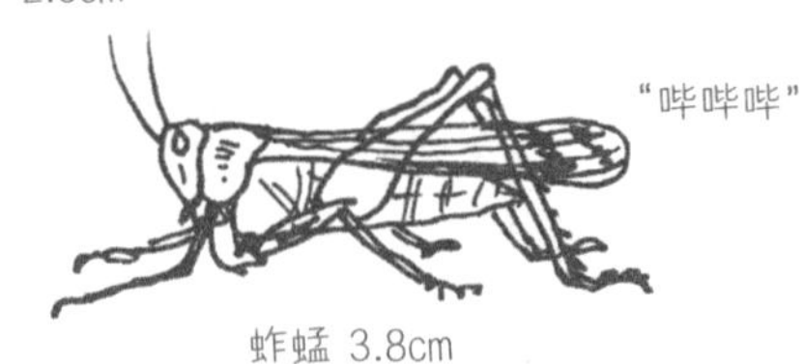

“哔哔哔”

蚱蜢 3.8cm

* 找一只蝉（不要和蝗虫搞混了，后者其实是蚱蜢的一种）。蝉的生命历程非常特别——它们在地下要生活很多年，然后在一个时间突然全部拱出地面，开始交配和产卵，再一次开始新的生命轮回。

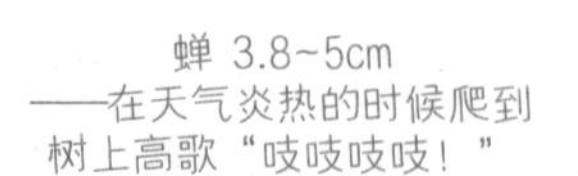

蝉 3.8~5cm
——在天气炎热的时候爬到树上高歌“吱吱吱吱！”

* 在晾衣绳上挂一块白布，或者搭在灌木丛上，打开一只手电筒或手提灯，让灯光照射在白布上，然后耐心地等待，看看有什么夜行性昆虫会被你的灯光吸引过来（或者直接观察飞到你家阳台灯光旁的昆虫也行），没准儿还能招来一只寻找晚餐的蝙蝠呢！

* 夜幕上的繁星是壮丽的。查一下什么时候会发生流星雨，或者在这个月，你那里夜空中最亮的行星或星座是哪一个。通常，在8月中旬，英仙座流星雨会早早地出现。

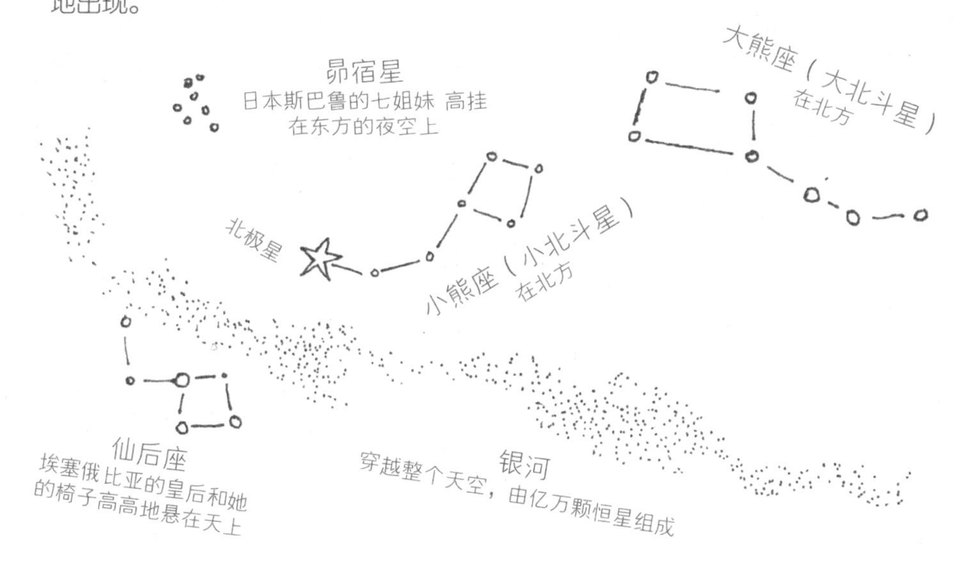

* 生起一堆火或者手电筒照明，读一本书——鬼故事总是很受欢迎！或者读一些有关夜晚的民间传说。你还可以找一些很棒的关于动物在夜晚中的生活的科普书来读。
* 如果你能燃起篝火来野炊，别忘了享受果塔饼干的美味。

9月

SEPTEMBER

悄然变化

9月，一个开始和结束之月。在古罗马的历法中，一共只有10个月，这个月是第7个月（septem在拉丁语中是“七”的意思，有关古罗马的历法，在128页中有更多的介绍）。

夏天已经过去了。孩子们和老师都重返学校，黄昏每天都会提早一点到来，相应地，黎明则越来越迟。一些花草和树叶正在慢慢枯萎，不过，还是有很多种植物仍然繁花似锦。树枝上，一些树叶已经开始变成秋色。在一些地方，夏季的炎热仍在持续，9月依然骄阳似火，天气闷热。而另一些地方，早晨已经开始下雾了。

在大自然中，逐渐变短的白天标志着生命的节奏开始慢了下来。一些鸟类开始迁徙到温暖的地方，许多动物开始忙着吃东西，囤积食物和寻找冬天的住所。9月的满月被称为“收获之月”，因为通常，这是在肃杀的秋霜之前，庄稼的最后一次收割。

蟋蟀觉得这是它们的责任，
警告大家夏日不能持久。
就算是在一年中最美丽的日子，
在夏天进入秋天的美妙时光里，
蟋蟀还是向大家传布哀伤和变化的消息。

—埃尔文·布鲁克斯《夏洛的网》—

我的自然笔记

日期：	时间：
地点：	温度：
天气情况：	
月相：	日出时间：
	日落时间：

看看窗外的景色或者出门走走，简要地记下你的见闻。你可以画画，也可以描述当时的感觉。

你能从大自然中发现什么？

每个月的开始，去四周好好地观察身边的自然吧。散步时，你尽可以睁大眼睛、竖起耳朵、张大鼻孔去搜寻，有什么现象透漏了这个季节的消息？试着在不同的日子来寻找，看看每一次你的答案有没有变化？

你能发现这些吗……	描述你注意到的现象
□ 一群雁从头顶飞过	
□ 松鼠在忙着储藏橡子	
□ 灌木丛上红彤彤的浆果	

你还能发现什么？

□	
□	
□	
□	
□	
□	
□	
□	
□	
□	

属于9月的图画

从你的日记中选择一到两个（或者更多）事物，把它画在这里，或者把它的照片贴在这里。

日期：　　地点：　　时间：

草——远不止草坪里的植物

当我们听到“草”这个字的时候，通常会想到一片绿色的草坪。但其实草到处都可以生长——在沼泽中、高山上、雨林里、沙漠里、荒地上、城市街道旁的缝隙中，总之，全世界都能看到它们的身影。草原草仍然广泛地分布在整个北美洲大地上，虽然比起一百年之前要少很多了。幸运的是，许多中西部州际的对话组织正在为恢复草原做出努力。

你有没有仔细看过一只兔子或者一匹马在津津有味地嚼着青草或者干草的样子？

草对于很多动物来说都是重要的食物来源，包括我们人类。觉得奇怪吗？那你想想，你的早餐麦片粥和三明治面包是从哪来的？小麦、燕麦、大麦、黑麦、大米和玉米，本质上说来都是草，我们采收它们的种子，并把这些种子称为谷物。马、牛、羊一年到头都要以草或者干草为生（干草就是把割下来的青草经过干燥之后，留在冬天使用的草）。

许许多多的野生动物也靠草来维生，其中包括兔子、老鼠、叉角羚和土拨鼠等。草原上和池塘、沼泽旁的高高草丛为众多鸟类、昆虫、甲壳类动物和哺乳动物提供了重要的庇护家园。

有一次，我的一个朋友劳伦·布朗来佛蒙特州看我，她写了一本书，名叫“禾草识别指南”。不到半个小时，她就辨认出了我家附近草地上的30种不同的禾草，我不停地给它们画画，可感觉永远也画不完一样。

了解当地的禾草

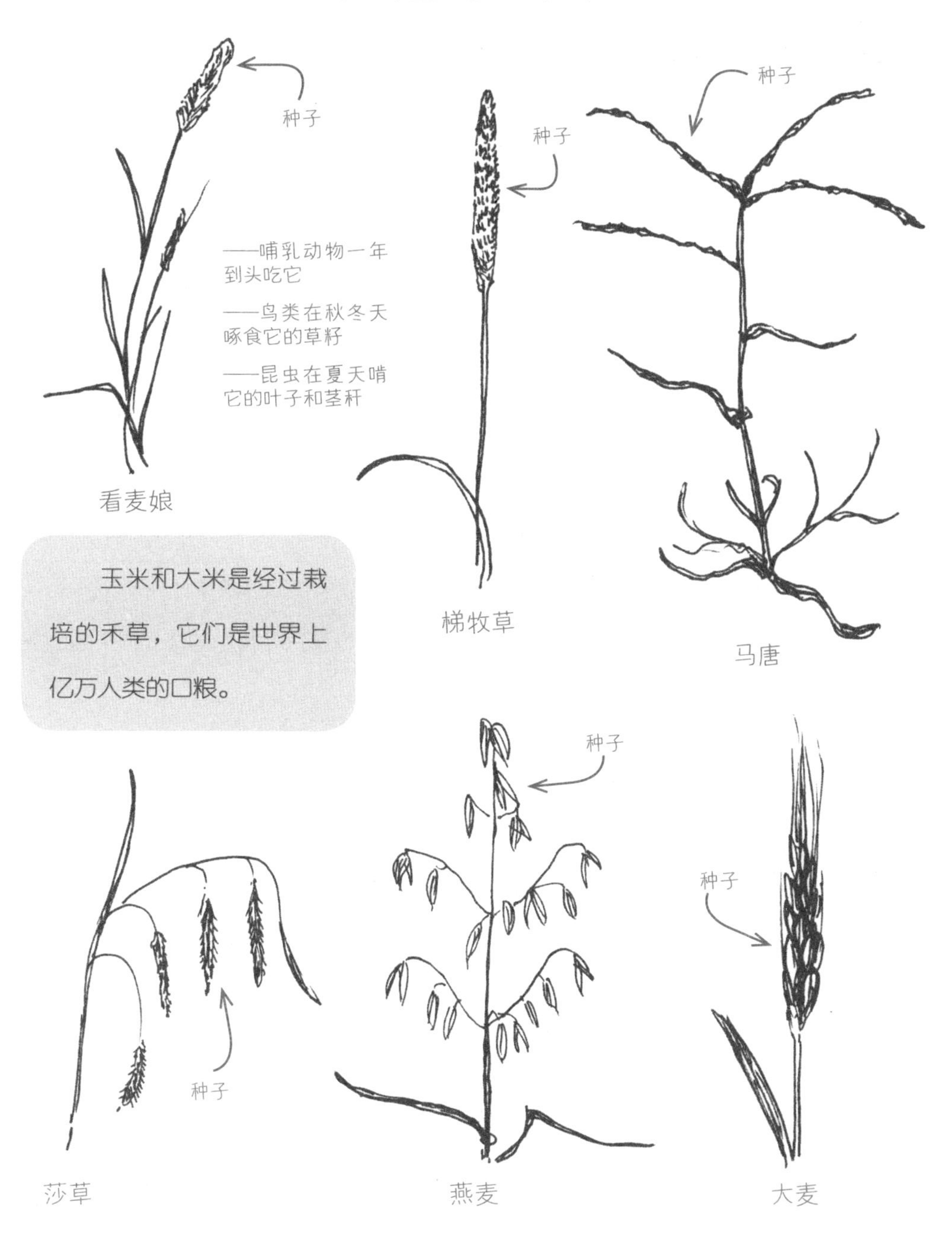

玉米和大米是经过栽培的禾草，它们是世界上亿万人类的口粮。

现在是享受自然的美好时光——有好多东西值得你去观赏和行动！

下面这些活动很适合在 9 月进行，有些自然中的现象也是这个月最容易发现的。到月底的时候回顾一下，看看这些事儿你是不是都做过了？

□ 选择一种你在夏季曾经观察过的鸟类，现在对它的习性进行深入了解。写一份报告，如果它有迁徙的习性，那这份报告中要包含迁徙路线地图。画出这种鸟的雌性和雄性各长什么样子，还有它们鸟蛋和巢穴的模样。如果你有兴趣，甚至可以做一个立体（3D）模型。

□ 和你的小伙伴一起到外面玩儿。去跳绳、骑自行车，或者收集一些木棍和石头来盖一个小房子，还可以给一条小溪筑起一道堤坝。反正只要开心地享受户外的时光就好，这可是一年中最后的艳阳天了！

建一个小小的家，送给你心爱的人儿，可以是一位仙女，也可以是一只豚鼠。

在河边或者沙滩上垒一个石头堆，这叫作“石冢”。

建议参考英国雕塑家安迪·戈兹沃西的书来寻找艺术灵感。

□ 收集各种大小和形状的岩石，岩石很有趣而且非常古老。了解当地的地质构成，找到一块坚硬的地面（人行道或者一块大而平整的石头），然后用锤子或者大石头把你捡到的岩石敲碎。敲石头的时候发生了什么？这些岩石里面的纹理是什么样的？不过要当心，不要伤到手！

□ 去参观一个天文台。如果你家附近就有天文台（查询一下当地的学院或者大学，有可能里面就有这样的场所），那里经常会设立公共的开放日，尤其是在有一些特殊的天文现象的时候，比如彗星或月食。

参观完之后，你可以写一篇关于天空的故事，或者对行星或星座做一些研究，也可以画一幅关于夜晚的画。

大熊星座或大北斗星
（有趣的是，虽然大熊星座的名字是由那些知道熊尾巴并不长的人命名的。但是这个星座中的“熊尾巴”真的挺长哪！）

□ 观察那些奔波忙碌的昆虫。一年中的这个时候，是昆虫食物最丰盛的时节。黄蜂经常神出鬼没，而且会在我们在外面野餐，打开三明治、果汁或者水果的时候跟过来。不用害怕，也不要去拍打它们，仔细观察，看看你能不能亲眼看到一个昆虫在啜饮花蜜或者清理它们的嘴巴和腿。

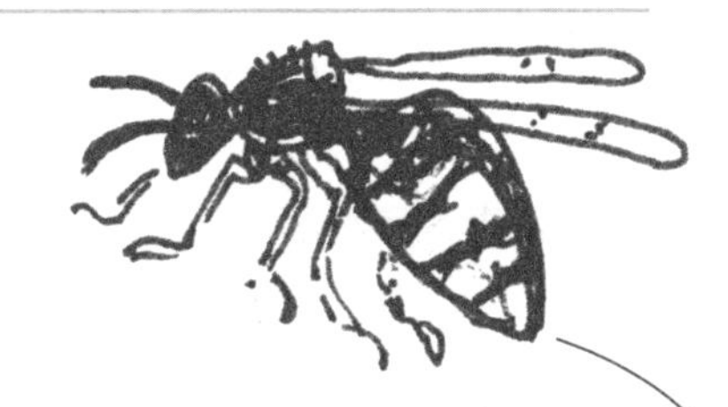

□ 翻读一本好书。试试加文·马克斯韦尔的《光亮的水环》（关于一对水獭的一个真实的故事），法利·莫厄特的《永不哭泣的狼》(一次和狼在一起的伟大探险)，还有迈克尔·卡杜托、约瑟夫·巴鲁克的《动物的守护者：美国本土的儿童野生动物保护行动》。

是该结种子的时候了

随着冬季越来越近，大多数植物正在迅速地传播它们的种子，而不再开花了。种子能保证植物来年的存活，同时也给动物们提供了重要的秋冬季节的口粮。种子的形态千差万别——从细小的罂粟籽到巨大的椰子，无奇不有。

你知道的坚果，比如核桃和松子，是种子吗？所有的水果中也都包含种子——杏、苹果，甚至香蕉里也有种子。禾草类植物有着美丽的穗（230~231页中详细地谈到了禾草类植物）。

你还可以

* 你能找到多少种种子？寻找马利筋、黄花菜、海棠花、向日葵和各种禾草的种子。

* 收集一串种子到你的“百宝箱”（参阅222页）里，或者用装鸡蛋的蛋盒把这些种子分类安置好。你还可以用胶水把它们粘在广告纸板上，最后别忘了给它们贴上标签哦！

* 找一些比较大的种子，看看你能扔多远。

海棠果（花红）帮助下面这些动物度过严冬：

- 鹿
- 火鸡
- 熊
- 豪猪
- 老鼠
- 知更鸟
- 雪松太平鸟

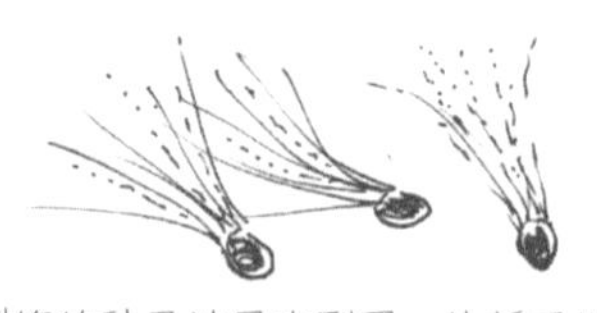

马利筋的种子被风吹到了一片新天地。

美丽的白剪秋罗花从它风干的种荚中把种子抖了出去。

那些生在花中“搭便车”的种子会把自己粘在路过的动物身上，然后由动物把这些种子带到新的地方。

橡子被松鼠、花栗鼠、松鸦，某些昆虫或者熊吃掉或者储藏起来。

画出你找到的种子吧：

鸟类知道什么样的果实含有更多的糖分或者更多的碳水化合物！乌桕、苦楝和梧桐的果实富含脂肪，是迁徙鸟类在飞往南方时重要的食物来源。

日期： 地点： 时间：

为冬天做准备

当白天的时间缩短到一定程度时，大自然就开始敲起一系列的警钟。开花植物开始把精力放在结种子上；树木也在放慢制造养料的速度，并且千方百计地准备脱去它们的树叶。

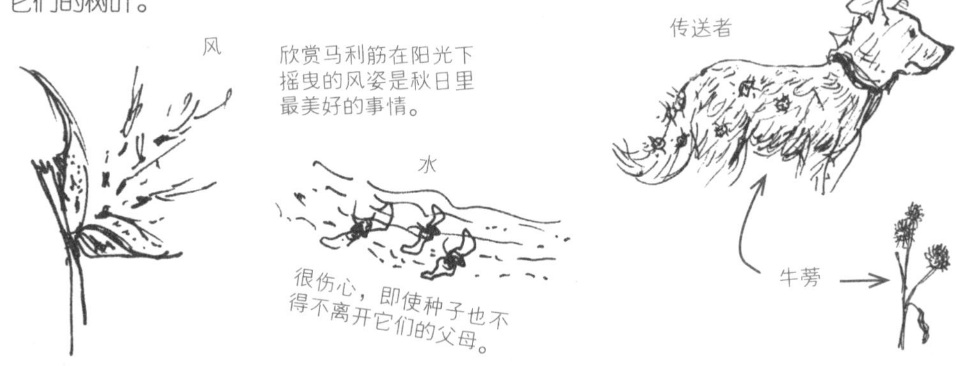

哺乳动物现在在干什么呢？大吃特吃！因为它们知道在冬天里食物会非常紧缺。有些动物，像灰松鼠，在为之后的困难时期贮藏食物，你能看到它们手忙脚乱地搬运坚果的可爱模样，也能发现它们会不时地往树洞里叼树叶，好让自己的窝在冬天更暖和。有些动物仍然活蹦乱跳，另一些则将要冬眠了，不过所有这些行为都是由它们内在的生物钟来控制的。

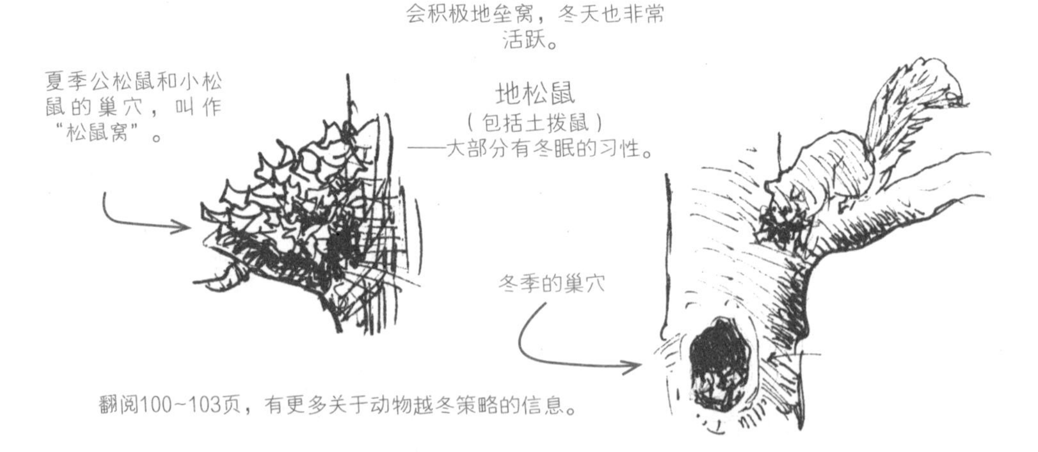

翻阅100~103页，有更多关于动物越冬策略的信息。

鸟类在9月份也很忙。虽然不是所有的鸟都会迁徙，但是很多种类都有这种习性。你能看到它们忽而集结成一大群，忽而在你的头顶上空高高地飞过。

现在，蟾蜍、龟、青蛙、蛇、蜥蜴和蝾螈都在寻找一个理想的隐藏地：在倒地的圆木下面、池塘里或者枯枝落叶的深处，好让整个冬天能安安静静地度过，不被打扰。有些动物在冬天甚至都冻到结冰呢！

沙漠里有冬天吗？

我们这些不住在沙漠中的人也许会认为沙漠总是干燥炎热的，大多数时候，也的确如此。然而，在冬季的这几个月中，这里的气温也会降低，而且会有更多的降雨。沙漠是一个降水量（包括降雨和降雪）非常稀少的地区。大部分的天气都是晴朗而干燥的，但是在格陵兰岛和南极地区分布着寒冷的沙漠。在这种环境下的动物和植物已经进化出了各种适应严酷条件下的有趣生存方式——试着查找这方面的资料，看看你能发现什么！

一只动物的活动

既然你已经注意到了这个月鸟类和一些其他动物会有什么活动，现在我们来就一只具体的动物仔细想想看，它会如何为过冬做好准备呢？如果条件允许的话，花上一段时间，每天观察这只动物，然后记录它的各种行为举止。并把这个月里它的表现用照相或者画画的方法记录下来。查一些资料来证实你的观察，看看这些行为是不是正常的。

把你观察的那只动物的举动的图画、照片和笔记记录在这里吧：

日期：　　地点：　　时间：

在黑夜中散步

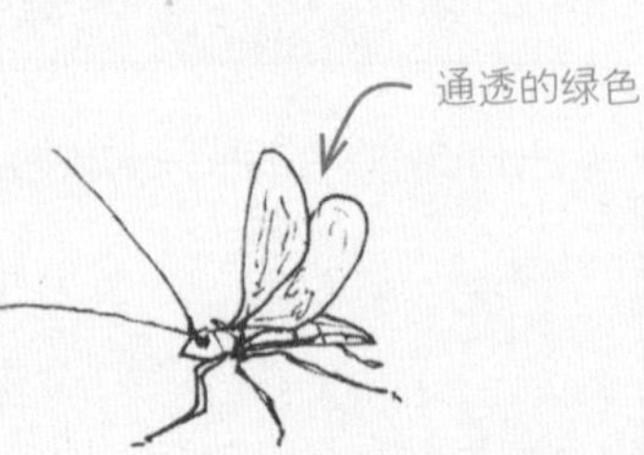

雪树蟋
——"吱，吱，吱"，那阵阵低沉的颤音，是翅膀在一起摩擦的声音。

在外面过夜会改变我们对家的感受，在天黑之后，到外面去，在周围散散步吧，邀请家人和你一起，如果感到紧张，可以握着家人的手。如果你还是不放心，也可以带上一个手电筒（如果足够大胆，蒙着眼睛散步是很有意思的，不过得有人牵着你）。

这种散步可以只有10分钟，也可以散上一个小时。用心去感受每一样你看到、听到和闻到的东西。当你回到家时，把你的思绪写在下面：

夜晚的天到底有多黑呢？是伸手不见五指还是有淡淡的月光照亮？

____

____

你都听到了什么声音？

____

____

你都闻到了什么味道？

____

____

写下你在夜里散步的感受。

____

____

____

____

____

____

画一幅你眼中的夜景。

迎接秋分日

在这个月中，日出和日落的时间将会有明显的变化。在我住的地方，从9月1日到9月30日之间，白天的时间足足短了81分钟。我们在9月中旬将迎来秋分日，这一天白天和黑夜几乎是等长的（各占12个小时）。

一年中的这几天，全世界的人都分享着几乎同样长的日照时间，就像我们在三月的春分日那几天一样（参阅132页）。从现在开始，北半球白天的时间开始比夜晚要短了，而南半球的情况正好相反。

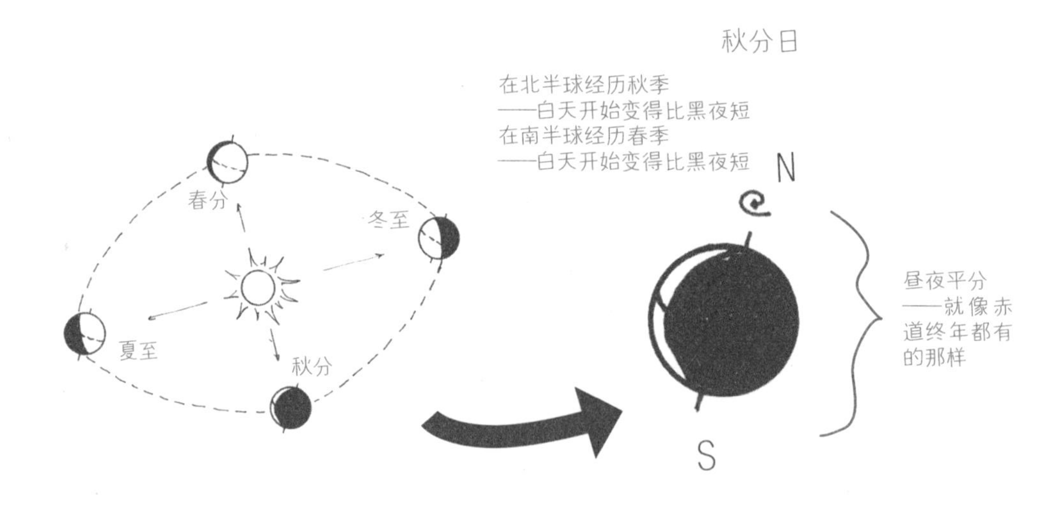

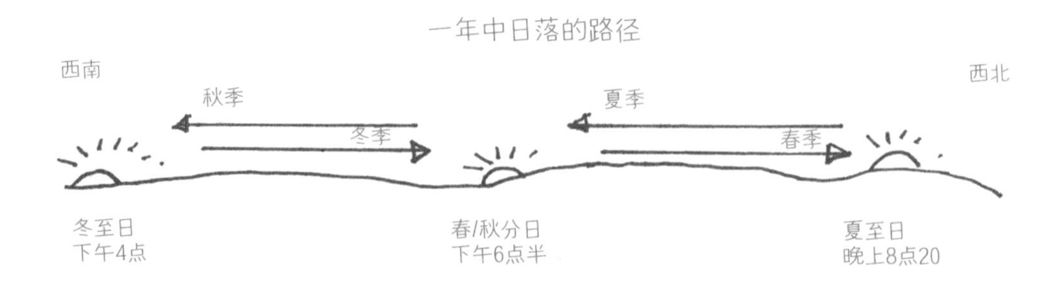

在一个季节中，太阳的高度决定了我们能获得阳光的多少。

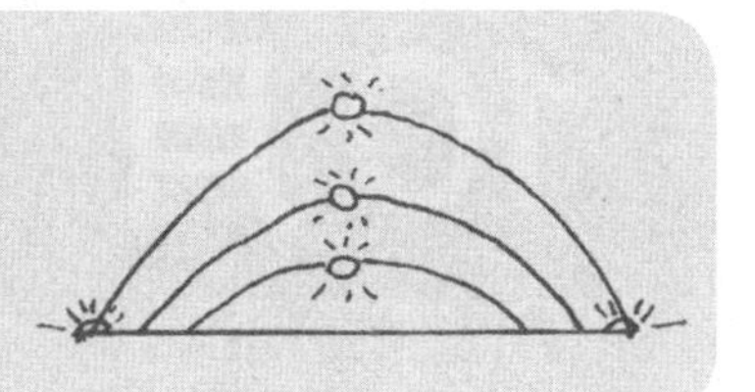

丈量变化的太阳

在地上插一根直立的棍子，记录下来每个月它的影子是怎么变化的。尽量做到每天在同一个时间去记录，可以用颜料来标记影子的线条，或者用短一些的小棍子来记录影子的长度。

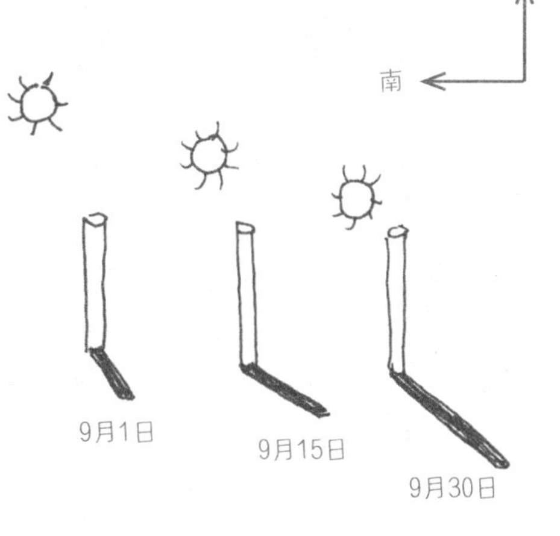

下午3点时阳光和影子的位置

太阳在天空中的位置是许多动物和植物进入生活史下一阶段的主要决定因素，科学家们至今也没有完全弄清楚这种机制是如何引发的，但是他们确实发现了秋分日的到来会刺激鸟类、蝴蝶和鲸的迁徙，而且秋分日也将拉开动物们收集食物、交配、产卵和其他行为的序幕。对于渐渐变短的日长，植物的反应就是释放种子，改变叶子的颜色和休眠。

随着日照的减少，在你身边，谁在疯狂地进食、屯粮，或者直接跑到温暖的地方去了？

10月

OCTOBER

最后的欢呼

10月是古罗马历法中的第八个月（octo在拉丁语中是“八”的意思）。古代的盎格鲁-撒克逊人，生活在遥远的北方，称这个月为“即将到来的冬季”，因为从这个月的满月那天起，冬天就要来了。

在北欧的凯尔特地区，人们会在10月31日举行纪念活动，庆祝一年中农忙的最后一天，同时也预祝新年的到来。部落中的人们会从四面八方赶来，聚集在一起庆祝为期三天的萨温节（Samhain）——这是盖尔语“年终”的意思。家人们也团聚在一起祭奠死去的亲人，买卖牲畜，还要燃起火来，希望火可以赶走过去的一年，带来新的一年。

最终，这个重要的凯尔特族的节日演化成了我们今天熟知的万圣节前夜（在10月31日，原意是“神圣的晚上”，在11月1日的“万圣节”之前到来）和墨西哥万圣节（亡灵节，他们把10月31日至11月2日看作“死亡之日”，在这几天举行各种仪式，缅怀逝去的爱人）。

望一望大自然，世间的万事万物，
理解起来就容易多了。

— 艾伯特·爱因斯坦 —

我的自然笔记

日期：	时间：
地点：	温度：
天气情况：	
月相：	日出时间：
	日落时间：

看看窗外的景色或者出门走走，简要地记下你的见闻。你可以画画，也可以描述当时的感觉。

你能从大自然中发现什么？

每个月的开始，去四周好好地观察身边的自然吧。散步时，你尽可以睁大眼睛、竖起耳朵、张大鼻孔去搜寻，有什么现象透漏了这个季节的消息？试着在不同的日子来寻找，看看每一次你的答案有没有变化？

你能发现这些吗……

描述你注意到的现象

- □ 蓝松鸦的声声鸣唤
- □ 红色和黄色的树叶
- □ 早晨外面下起了雾

你还能发现什么？

- □
- □
- □
- □
- □
- □
- □
- □
- □
- □

属于10月的图画

从你的日记中选择一到两个（或者更多）事物，把它画在这里，或者把它的照片贴在这里。

日期： 地点： 时间：

叶子为什么会变色？

我们把那些树叶在每年秋天会脱落和变色的树，叫作落叶树。当秋天白天变短、气温降低之时，这些树中的“大脑”就会发出一系列指令。树梢将会停止对树叶的供水。树叶中的叶绿素不再制造养料，叶片中的绿色会慢慢降解，而鲜艳的黄色（叶黄素）、红色（花青素）和橙色（胡萝卜素）将会显现。还有一些棕色的叶子是怎么回事呢？那是当橡树、山毛榉和悬铃木的树叶落下后，单宁残留在里面而呈现的颜色。

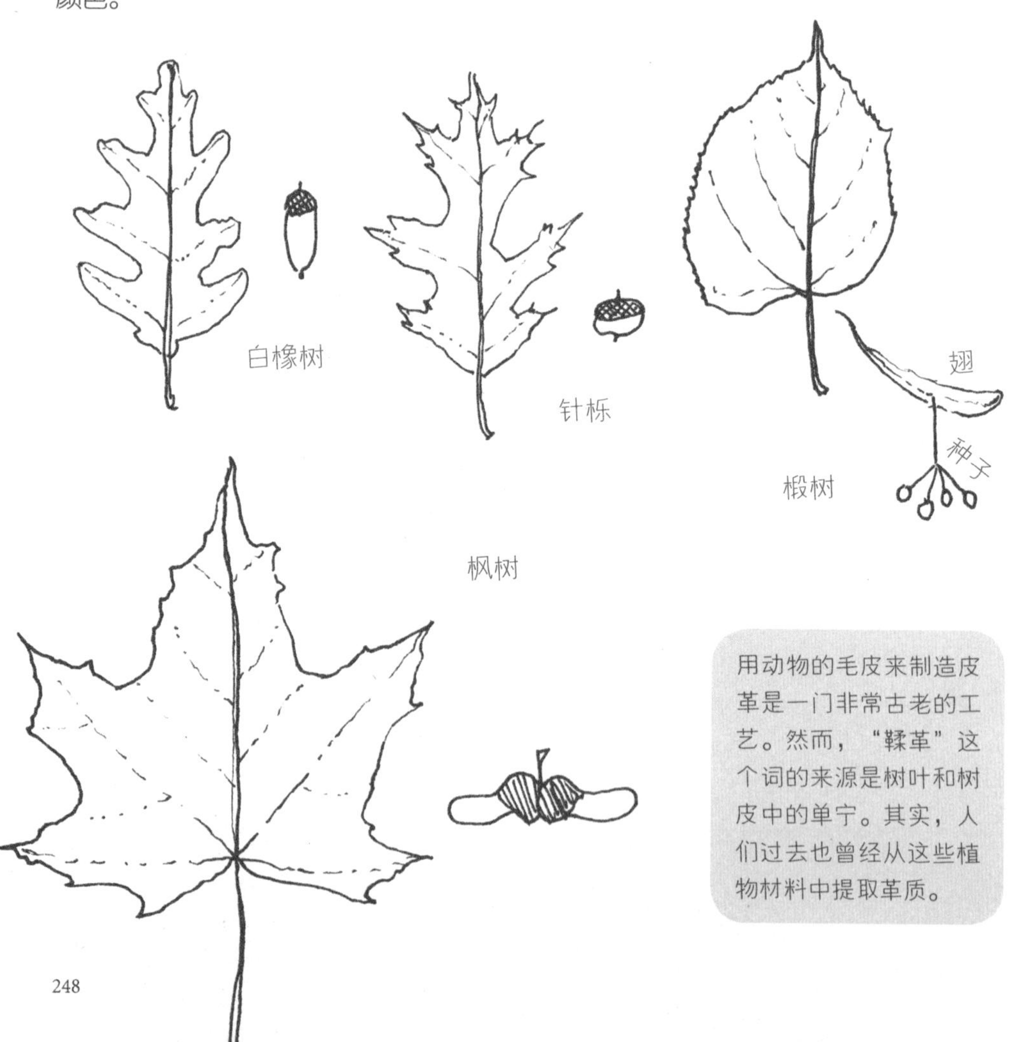

用动物的毛皮来制造皮革是一门非常古老的工艺。然而，“鞣革”这个词的来源是树叶和树皮中的单宁。其实，人们过去也曾经从这些植物材料中提取革质。

常绿阔叶树在冬天也会依旧翠绿，它们会不会掉叶子呢？也会的，不过是在一年中慢慢地脱去老叶，发出新叶，而不是在秋天一次落光。这样的植物有杜鹃、美国山月桂、棕榈和南方常绿栎等。仔细观察，你就会发现它们的叶子一般都是厚厚的，而且通常表面都有一层蜡质。大多数的常绿树都生长在冬季不结冰的温暖地区，还有一些则在沙漠气候中生存。

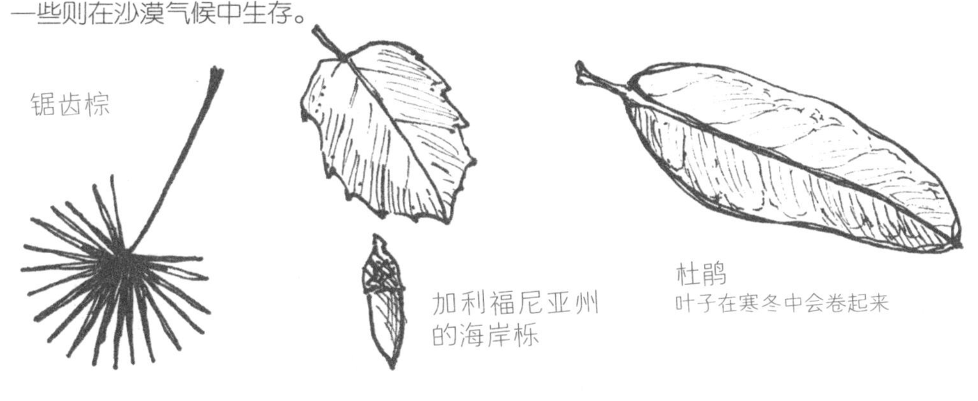

针叶树，像是松树、云杉、雪松和侧柏这些，不会开出鲜艳的花朵，取而代之的是一个个的球果。它们针一样的叶子，能禁得起冬天的严寒。这些针叶的表面积很小，可以有效减少水分的蒸发，而且它们的树液中含有类似抗冻剂的物质，可以保证冬天不会被冻伤。另外，针叶树的树枝都有足够的弹性，能经受凛冽的大风和沉重的冰雪。

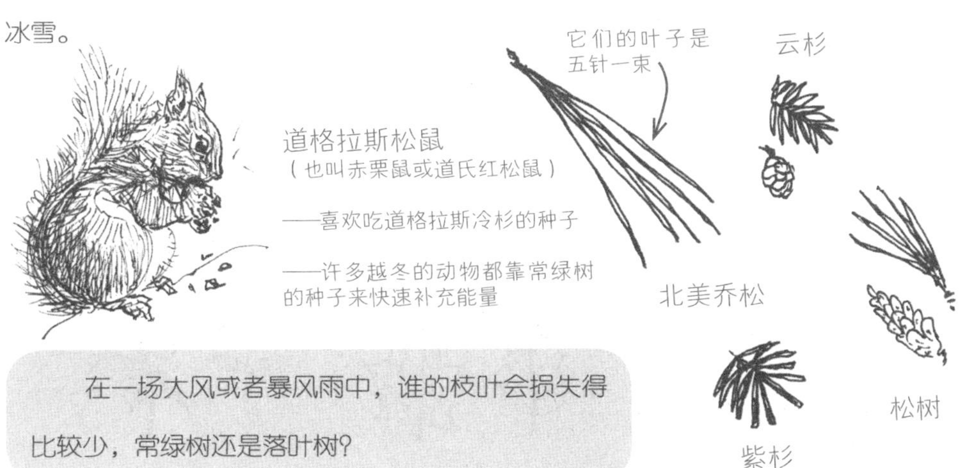

在一场大风或者暴风雨中，谁的枝叶会损失得比较少，常绿树还是落叶树？

如何画叶子

画叶子是非常有趣的，因为它们有好多种形状和大小。首先，我们可以把叶子分成基本的两大类：单叶和复叶。单叶是指一个叶柄上只生一张叶片，而复叶的一个叶柄上会着生许多叶片（植物学中称之为小叶）。每一类树叶中，不同的植物又有千千万万种不同的叶形，大自然真的非常神奇！——看看你能找到多少种不同的树叶呢？

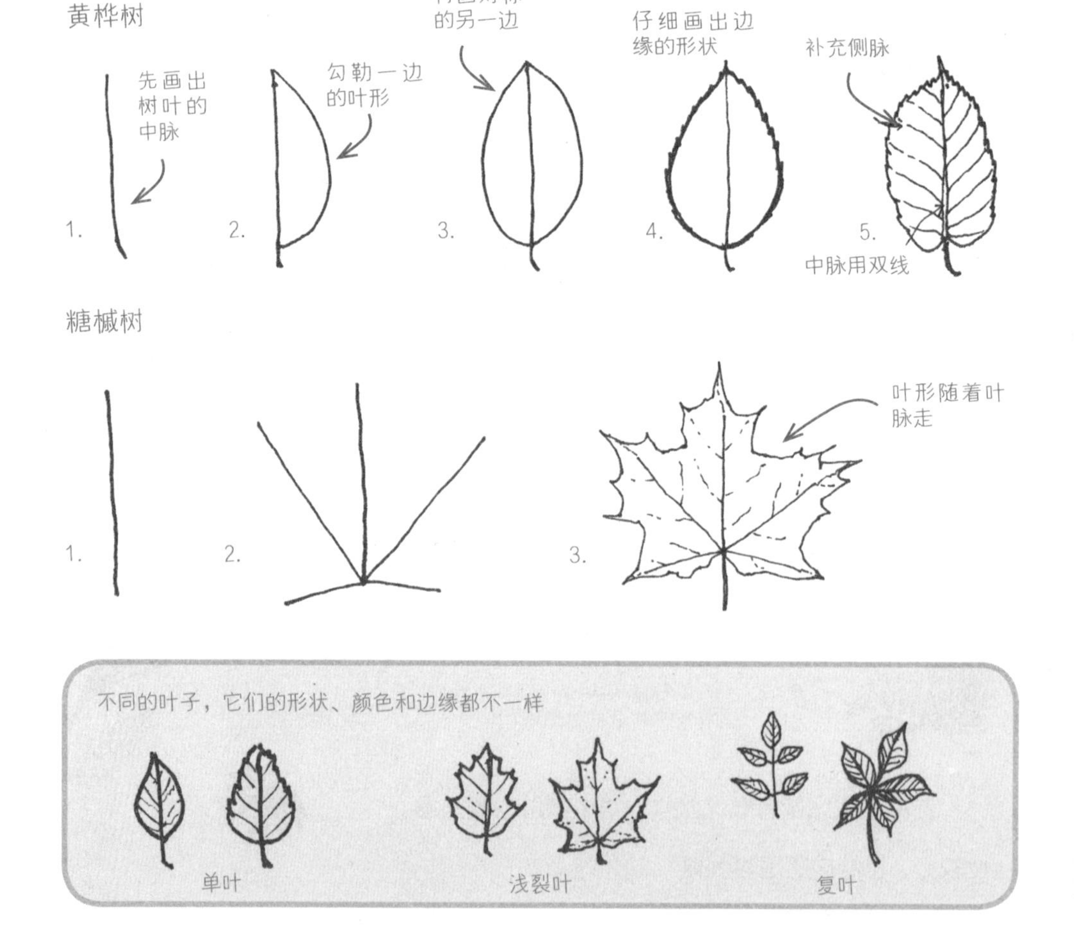

在这里画出你看到的叶子吧：

日期： 地点： 时间：

10月天，你在屋子里待得住吗？

下面这些活动很适合在10月进行，有些自然中的现象也是这个月最容易发现的。到月底的时候回顾一下，看看这些事儿你是不是都做过了？

☐ 为来年春天种下一些种子和球根。现在是最合适的时间，再晚就太冷，土地该上冻，变得硬邦邦的了。我种的有番红花、黄水仙、雪钟花、海葱和郁金香。种植球根很容易，你可以把它们先种在种植床里，也可以直接种在你的草地上。球根是植物的冬季食物储藏室，拥有球根的植物会愉快地在地下度过冬天，等明年的春天一到，就会蹭蹭地钻出来地面，抽叶，开花了！

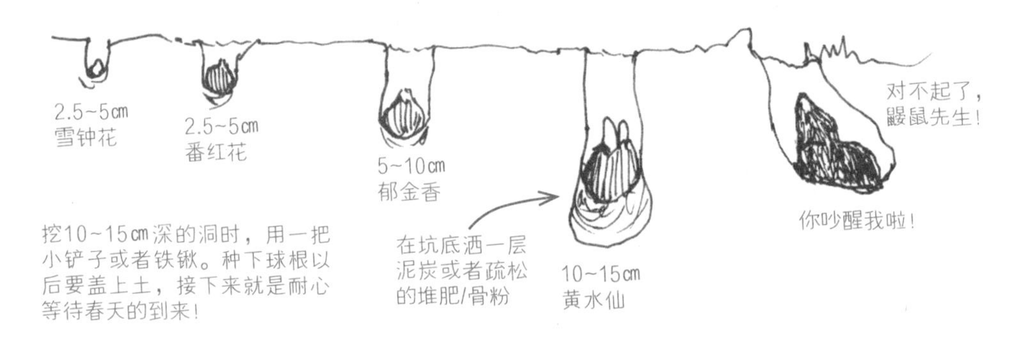

☐ 收集各种树叶和种子来做一件工艺品。

* 用广告颜料或印刷墨水做一张树叶印画。
* 在纸上画下或者描摹一片树叶的轮廓，然后涂上颜色。
* 放在几本厚重的书中压上几天，然后制成一幅拼贴画或者粘贴到你的自然日记里。
* 把树叶夹在两层蜡纸之间，用熨斗熨出它的轮廓，或者把树叶镶嵌在接触印相纸中，然后挂在窗户上。

☐ 和你的朋友一起，耙一大堆树叶，然后跳进去，在这堆树叶中玩耍奔跑，然后再重新把树叶耙在一起。

* 看看能把谁埋在树叶堆里！
* 帮助老人或者邻居收集和耙整他们的树叶。
* 捡一些掉在地上的树枝（而不是去砍树上的）、落叶和其他材料搭一个斜坡顶的棚子。
* 在你的院子里保留一堆枯枝落叶，为鸟儿和其他野生生物提供冬天的庇护所。

☐ 在桥上做一做“小熊维尼棒”游戏。如果你不知道怎么玩，可以去看看《小熊维尼的房子》，然后在网上查询“小熊维尼棒世界锦标赛”的相关信息。

☐ 窝在被窝里读一本好书。让·克雷格黑德·乔治的《我身边的山》和《可怕的山》讲述了一个独自在树林中生活的男孩和鹰成为朋友的故事。

我最喜欢的树

当你在邻居附近溜达的时候，注意观察那些各种各样的树木。认领一棵你可以每天都去造访，能够见证它不同季节变化的树。花一些时间认认真真地观察它，仔细观察它的树皮，研究树叶的形状，留心它的枝条是怎么从树干上分出来的。

垂柳

白橡树

挪威云杉

红杉

找一本树木识别指南来了解更多你家附近的树木。这种书对你准确地画出它们同样有很大的帮助。我用的是乔治·佩特里迪斯的《东部树木》和戴维·西布莉的《西布莉树木指南》。

为你的心爱之树画几幅它的肖像吧：

日期： 地点： 时间：

什么是苔藓？什么是真菌？

在阴暗、潮湿的地方很容易发现一片片像绿色毯子一样的东西，这就是苔藓，每一块苔藓都是由成千上万个独立的小植物组成的。苔藓需要空气中有液态的水滴才能生长和繁殖，这是因为它们没有像其他植物那样的根系，所以不能从土壤中吸收水分。苔藓通过在一片领地中繁衍扩展，来帮助土壤保持湿润。绝大多数的苔藓摸起来都软软的，毛茸茸的，不过它们表面都覆有一层蜡质的膜，可以防止水分蒸发而干掉。

真菌是一个在动物、植物和细菌之外的独立王国。自然界里，真菌在有机物分解的循环过程中发挥着至关重要的作用。真菌的世界里包括了霉菌和酵母，不过我们最熟悉的还是蘑菇，世界上到处都生长着各种各样的蘑菇。

有菌褶的蘑菇

有细孔的蘑菇

你看到的蘑菇的地上部分，叫作子实体。它的根非常细小，伸进土壤或者腐朽的木头里，来吸收营养供给子实体。

有些真菌的名字是根据它们的样子而取的。

很多蘑菇都可以吃（而且非常美味！），但是有一些蘑菇是有剧毒的。千万不要在野外随便采蘑菇吃，除非你身边有懂得辨别蘑菇是否能吃的大人来指点你！

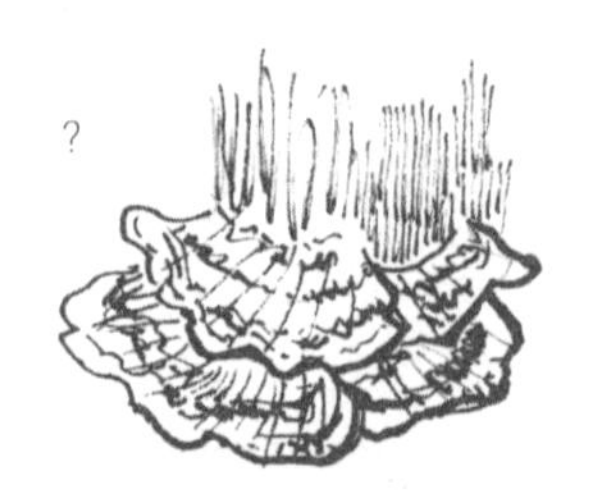

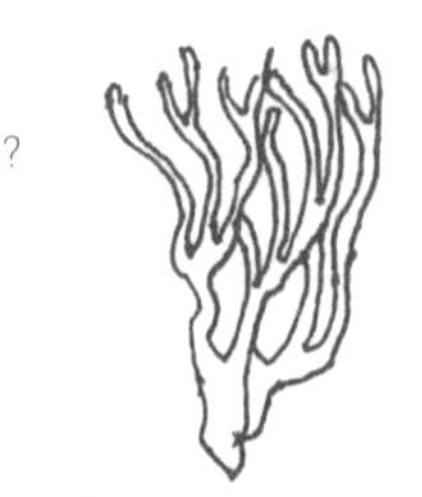

你能猜出来哪种是火鸡尾真菌，哪种是珊瑚真菌吗？

地衣又是啥东西呢？

地衣既原始又古老，是一种由真菌和藻类共生在一起的有机体。共生的意思是两种生物紧靠在一起生活，而且互惠互利。在地衣这里，真菌起到骨架的作用，而藻类则负责制造食物。地衣可以慢慢把它们依存的岩石和树木分解掉，最终创造出土壤，来滋养更多的生命。

这些是我参考《非开花植物黄金指南》画出的图例。

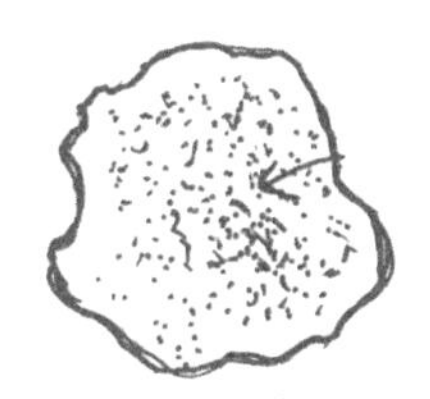

壳状地衣
（扁平的）
2.5~7.5㎝

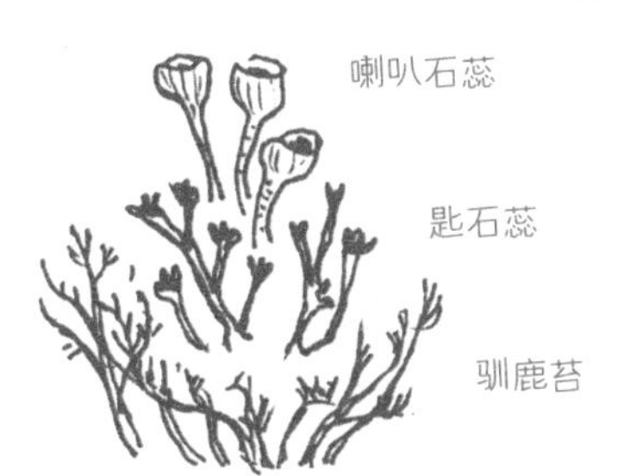

枝状地衣
（像树枝一样）
2.5~3.8cm

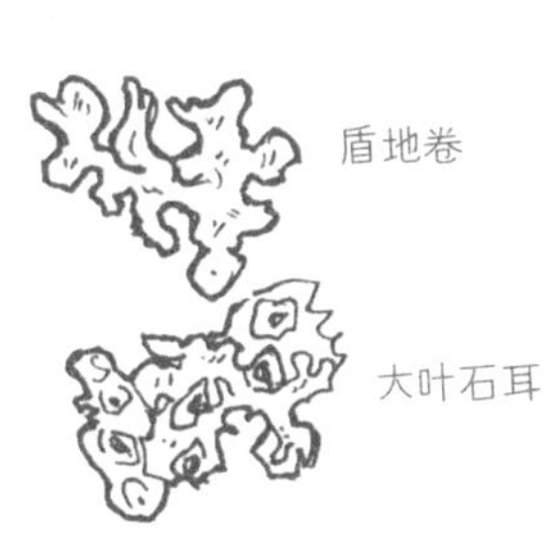

叶状地衣
（像树叶一样）
2.5~12.5cm

蕨类植物

蕨类植物是另一大类植物的统称。它们遍布全球，不过和苔藓类似，它们中的绝大多数种类也喜欢阴暗潮湿的地方，而且经常在森林环境中出现。和苔藓不同的是，蕨类植物是有根的，可以吸收土壤里的养分，不过它们也不常用根，因为它们不需要开花和结籽。代替种子角色的，是孢子，孢子着生在蕨类的茎端或者叶子背面，等到它们发育成熟，就会散落到地上或空气中开始新的生命历程。

蕨类的叶子

储存冬天的口粮

整个秋天，动物们都在忙着拼命进食来为冬天积攒能量，有时候，动物还会收集食物，然后找个隐蔽的地方藏起来。人类也是这样，收割食物以后，要找个地方存起来，为过冬做准备。现在正是庆祝丰收的季节。

在这个全球食品仓储和运输业发达的时代，我们似乎无须为漫长的冬天储藏食物，然而如果你仔细瞧瞧你家的厨房，就会发现其实已经有许多食物来为冬天储藏了，在你的太爷爷、太奶奶辈的时候就有了，比如爆米花、葡萄干和其他的风干水果，果酱、酸辣酱和腌菜。

你还能想到什么耐储藏的食品？

庆祝大丰收

现在是把庄稼收集整理打包，为冬天做准备的时候了。传说，美国的第一个感恩节之宴是在1621年的初秋。11月太冷，对于很多庄稼来说太迟了，当地的瓦婆浓族印第安部落也要回到他们过冬的岛屿，即今天的罗得岛去了。今天我们仍然会在这个时候用丰盛的食物来感谢家人、健康和好收成，就像那些400年前的人们一样。

11月

NOVEMBER

沉静的日子

和我们之前讲过的“9月”和“10月”类似，你应该猜得到，“11月”（源自拉丁语中的“nine”）是罗马年历中的第九个月。在北半球，门外的世界开始沉寂下来，进入一段漫长的休养生息的时间，就像我们每天晚上都要睡觉一样，大自然也该好好休息一下了。

这段时间，很多动物和植物将会休眠，或者孕育新的生命。随着冬天的到来，野地和森林变得更容易进入，在11月和12月，打猎是北美洲许多地方的流行活动。松鸡、松鼠、驼鹿、兔子、鹿、火鸡，甚至熊和马鹿，都可能是猎人们寻觅的对象，具体的种类根据你所住的地方而定。

有些人只是把打猎当成一种运动方式，不过还有很多人是为了获得食物、收入或者将其作为一种家族中继承下来的传统。许多猎人和打猎组织，在保护自然环境和野生生物方面非常活跃。

拉科塔人是真正的博物学家——他们对大自然有着无尽的热爱。
他们热爱土地和土地上生长的一切……
地上跑的，空中飞的和水里游的所有生命都是手足兄弟，这就是他们从古至今的信念。

— 卢瑟·斯坦丁·贝尔 —

我的自然笔记

日期：	时间：
地点：	温度：
天气情况：	
月相：	日出时间：
	日落时间：

看看窗外的景色或者出门走走，简要地记下你的见闻。你可以画画，也可以描述当时的感觉。

你能从大自然中发现什么？

每个月的开始，去四周好好地观察身边的自然吧。散步时，你尽可以睁大眼睛、竖起耳朵、张大鼻孔去搜寻，有什么现象透漏了这个季节的消息？试着在不同的日子来寻找，看看每一次你的答案有没有变化？

你能发现这些吗……

描述你注意到的现象

- □ 迟开的花
- □ 水坑上开始结冰
- □ 冷飕飕的风刮来了

你还能发现什么？

- □
- □
- □
- □
- □
- □
- □
- □
- □
- □

属于11月的图画

从你的日记中选择一到两个（或者更多）事物，把它画在这里，或者把它的照片贴在这里。

日期：　　地点：　　时间：

看看你周围的大地

如果说地质学是研究大地的学问，那该从哪里了解我们脚下和四周的大地呢？其实很简单，就从观察你家院子里的石子和卵石开始就好。去查一查，它们是从哪儿来的（你知道沥青也是一种岩石吗？它是由沙石混合石油制成的）？

科学家们认为，地球的年龄大约有46亿岁。高耸的山脉看起来似乎永远屹立在那儿，从未改变过，然而从地质学的眼光来看，过个10亿年，原先的地貌总会变成另外一副模样。就拿新英格兰山来说吧，现在它比起西部宏伟的落基山脉要小得多，可是谁能想到，它曾经和现在的世界最高峰——珠穆朗玛峰一样高。

很久很久以前，一英里高的冰川曾经覆盖了广阔的地球表面，这些冰川将大地雕刻出了许多种地形。在海洋中爆发的火山伸出水面，成为岛屿；在世界上的许多地方，火山活动仍然很活跃，并且在不断地改变着大地的容颜。

一块奇怪的石头

在波士顿的一个学校操场上，我和我的学生发现了一个矿脉露出了一角黑色的、有许多泡泡状的矿藏，非常有趣。它的名字叫“罗克斯伯里圆砾岩”，几百万年前，它从火山中诞生，然后被撤退的冰川冷却，接着与河流中的石头混合，最后被深深地埋在了地下。

罗克斯伯里圆砾岩

矿石

石英、铜、滑石、云母、石榴石和黄金都是岩石的某些组成部分。

石英
——由六面体的水晶组成

从土壤到岩石

当你去野外散步的时候，收集不同的岩石和卵石，用锤子把它们砸开，看看石头里面的纹理是什么样的。看看你能不能说出这些石头的类型。

沉积岩

沙子、卵石，薄硬岩层和其他在地表的岩石经过漫长的时间，会渐渐地沉积在一起。沉积岩层里很容易发现化石。

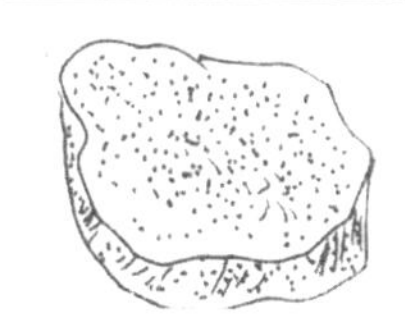

砂岩当然就是沙子组成的啦！

变质岩

沉积岩被层层叠叠地埋在地下后，再由地球内部的热量和压力重新挤压和塑造，就变成了变质岩，如石英岩、片岩和板岩。

板岩是由许多层页岩挤压形成的。

岩浆岩

变质岩来自于地下深处的熔岩，如果它们作为火山喷发的岩浆到达地表，就会逐渐冷却而形成像玄武岩这样的岩石。如果它们在地下冷却，就会变成花岗岩一类的石头。

花岗岩中有时候会嵌入一些其他的矿物。

化石

古代的植物或动物留下的印迹，通常是海洋中的生物，保存在沉积岩或变质岩中（其中有些已经有4亿到5亿年了）。

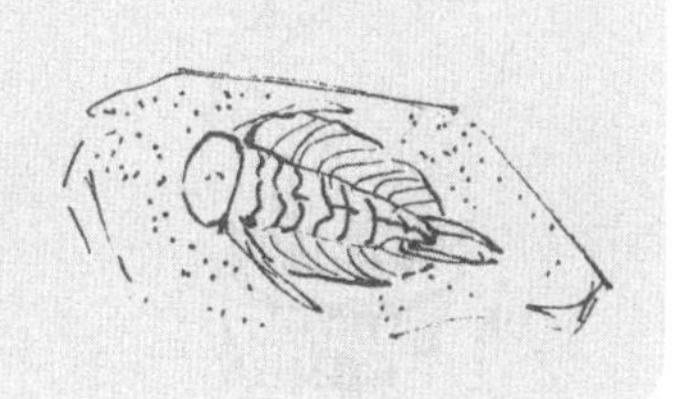

即使外面又黑又冷，你也能找到迈出家门的理由！

下面这些活动很适合在11月进行，有些自然中的现象也是这个月最容易发现的。到月底的时候回顾一下，看看这些事儿你是不是都做过了？

☐ 一定要听听安静的声音。可以在一天中几个不同的时间走到外面去，只是静静地站着，在清冷的空气中，用心倾听你的周围有些什么声响。

☐ 所有的树叶都落了，从家门口或者你最喜欢的游乐场望去，你能看到什么？如果你那儿的气候比较温暖，也可以比较一下，你周围熟悉的景色跟6个月前相比，有没有什么变化？

☐ 当气温下降时，正好可以研究冰的不同形状。找一个能结冰柱或者夜晚水会结冰的地方，放置几个不同形状的容器，往里面分别倒上一杯水，然后观察各个容器中的水要过多久才会结冰？试验一下，如果气温和放置的地点不同，结冰的速度是一样的吗？

把一瓶装满水的瓶子放在外面，当气温降到零下以后，经过一个夜晚，看看发生了什么？分别用玻璃瓶和塑料瓶试验一下吧（不要盖瓶盖）。

☐ 制作一个自然物品集锦的雕塑或者活动雕塑——材料可以是嫩枝、浆果、种子、干枯的叶片、羽毛等各种自然物品。如果你收集的物品已经是干燥的，那你的作品就能保存这一整个冬天（注意不要用毒漆藤这样的有毒植物，即使它白色的小浆果很可爱）。

☐ 在感恩节那天写下你的感恩诗。这是我写的：感谢太阳。感谢朋友。感谢在我身旁长高的树苗。感谢殷红的主红雀和漆黑的夜。感谢这平静的一年过去，我的家人健康和睦。

自然物品集锦活动雕塑

☐ 为11月创作一个绘画系列。你会使用什么颜色？我会用好多棕色、灰色、群青蓝、赭石和绣褐色。有时候我喜欢在画上喷洒一些银色的闪粉，这样整幅画看起来就有这个季节冰冷的感觉了。

☐ 创造一个当地的、有关自然的游戏。游戏场所嘛，随便在你家附近的空地上就可以。游戏中的角色可以是松鸦、老鼠、小狼、鹿或者任何你喜欢的动物。首先编一个关于它们的故事，然后就可以和你的一些朋友一起表演出来了！故事发生的时间不限，可以讲冬天的故事，也可以是其他季节的。

☐ 翻读一本好书。读一读劳拉·英格尔斯·怀尔德的《小房子》系列，这套书中有很多描述过去生活细节的图片，其中，《好长的冬天》讲述了一个在牧场中，人们如何想尽办法，熬过一个异乎寻常的寒冷冬天的故事。

你家后院里面（和外面）的鸟儿

认识鸟类是了解自然的一条非常好的途径。不管你生活的地方在哪儿，鸟儿总是容易被发现的，它们的行为非常有趣，而且很多鸟都长得很漂亮。很难说研究鸟类和研究蛤蜊、水母或者大黄蜂有什么共同之处，虽然科学家们对所有的生物都有兴趣。

如果你认识了邻居家的一些鸟，你就会对你所住的地方了解很多，不管是在城市、郊区或是乡村。对于不迁徙的鸟类来说，在冬天找到足够的食物是很困难的。它们需要许多热量来保暖和寻找食物，吃进去的食物就又可以转化为热量来保暖！

在院子里放一个喂鸟器，看看谁会前来造访？

你可以去五金店，花上一大笔钱买一个塑料喂鸟器，也可以自己动手做一个免费的！用一个约2升的牛奶瓶或者果酱罐，在不同的侧面剪出3~4个“窗口”，再把剪口拉下来，让鸟儿可以停靠。

为鸟儿搭个窝棚，好让它们进来躲避风雪

你可以把以前的圣诞树找出来放在院子里——那些金丝银线什么的就不要了！如果有足够大的院子，让你的爸爸妈妈考虑种一些常绿的树或者灌木丛，来给鸟儿提供过冬的场所。

试着挂一串松塔，在上面涂上满满的花生酱！

小鸟浴缸
——你喜欢的话也可以加热

牛羊板油喂鸟器
——啄木鸟和山雀喜欢牛羊板油口味

数数有多少种鸟？

鸟类是环境健康与否的情报员，它们对当地乃至全球气候的变化非常敏感。许多环保组织和计划都有监测鸟类数量的活动，他们在各个城镇和省的喂食站监测，在每个季节里，一共会出现多少种鸟？其中一个著名的活动是由康奈尔鸟类学实验室发起的“喂鸟与观鸟项目”。

世界各地的孩子们正在为改善环境而行动——这些活动很重要，也很有趣。如果对鸟类感兴趣，到离你最近的奥杜邦分会或者当地的环境中心看看，他们将会提供一些适合你参加的、其他关于鸟类的好玩又有用的活动信息。

不断添加你在11月里发现的鸟类名单。根据你住的地方不同，或许本地的鸟群会迁徙到别处，或许外地的鸟儿会飞到你这里过冬。还有一些鸟类终年都待在一个地方。你那里有灯草鹀、知更鸟或者鹰吗？

在这里列出你的鸟类名单吧：

_______________ _______________

_______________ _______________

_______________ _______________

_______________ _______________

_______________ _______________

你觉得打猎怎么样?

数百年来，狩猎是人们获得肉食的唯一办法。今天，虽然很多猎人打猎主要是为了得到缴获猎物的成就感，但地球上仍然有许多地方的家庭是主要依靠打猎为食的。你也许没有想到过这一点——要想成为一个成功的猎人，首先得成为一名博物学家。

为什么呢？因为如果你对猎物的习性和行为都不了解的话，即使花上几个小时，你都别想找到它。一个可靠的猎人会用大量的时间去观察、等待和研究地形。

在大自然中，吃与被吃是很正常的事情，然而可悲的是，这种古老的、由捕食者和被捕食者之间建立起来的平衡已经被人类破坏了。人类把许多大型的捕食者，例如狼和野猫赶尽杀绝，这样就导致某些它们的猎物种类，像鹿和兔子，在某些地区的大爆发。

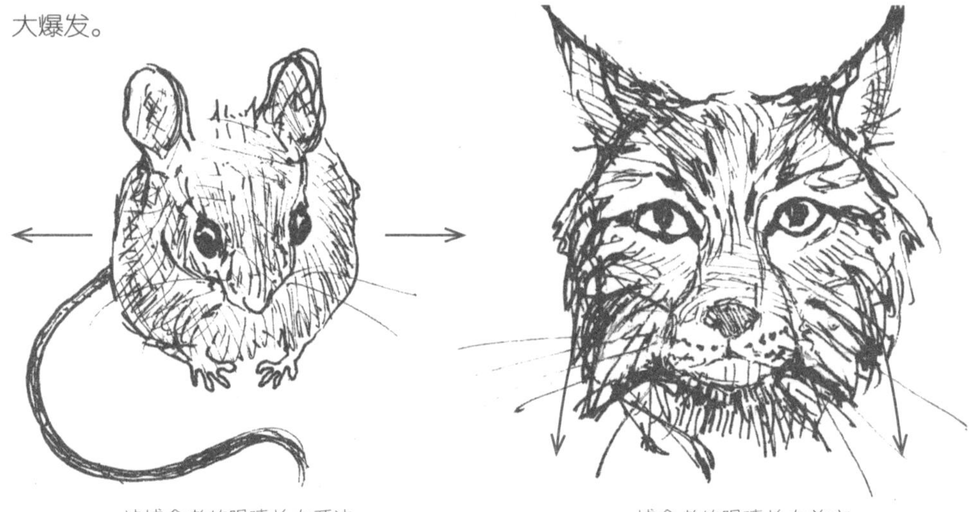

被捕食者的眼睛长在两边

捕食者的眼睛长在前方

想要了解更多关于打猎的信息，可以向当地的渔业和野生动物保护部门，以及一些环保组织咨询。

在这里发表一下你对打猎的想法吧。

到户外去探险

邀请你的家人或者朋友一起，玩一玩冬日寻宝游戏吧！看看你们能发现多少种不同的颜色、声音、气味和形状。把各自的发现成果集中起来，就能列出一条长长的单子，然后贴在冰箱上或者把它输入电脑，作为一封电子邮件发给你周围的人们。

坚持每天进行这个游戏，请更多的人参与进来，每天添加这个清单，在一周之后，看看谁能发现最多或者最不同寻常的自然现象？

在这里画一些你的自然探险新发现：

日期： 地点： 时间：

我们身边的自然之美

色彩	日期/地点/时间	是谁发现的?
声音	日期/地点/时间	是谁发现的?
气味	日期/地点/时间	是谁发现的?
形状	日期/地点/时间	是谁发现的?

12月

DECEMBER

一年的尾巴

在我们的年历中，12月（源自拉丁语中的“ten”）是一年中的最后一个月。我们也许会觉得12月是一个代表结尾和终点的月份。植物凋零了；动物在费力地寻找生存下去、撑到来年春天的方法，或者干脆都走掉了；天气变得越来越严酷，寒风凛冽，还有时不时降临的冰雪；白天很短，夜晚很长……一切看起来都充满悲凉和荒芜。然而，在大自然的历法中，没有这些有名字的月份或者有数字的日期，更没有最后的终点。在它的世界里，有的是休息、萌芽、孕育、重生、生长、出生、死亡……循环往复，永不止息。

这个月，我们待在室内的时间更长，和自然界接触的时间更少。在一年中的这个时候，我们可能注意不到冬日树木的剪影，夜晚的星辰，月亮的满盈和亏缺，草叶上的白霜，动人的日落，挤成一团的松鼠，还有在高空中捕猎的鹰。可它们就在那里，不管你有没有看见！

在斯蒂芬的盛宴上，好国王瓦茨拉夫向外眺望，
那晚雪花飘落四方，厚厚一层，松脆而匀净。
那晚月光如此明亮，尽管寒冬是如此冷酷。

— 传统圣诞颂歌 —

我的自然笔记

日期：	时间：
地点：	温度：
天气情况：	
月相：	日出时间：
	日落时间：

看看窗外的景色或者出门走走，简要地记下你的见闻。你可以画画，也可以描述当时的感觉。

你能从大自然中发现什么？

每个月的开始，去四周好好地观察身边的自然吧。散步时，你尽可以睁大眼睛、竖起耳朵、张大鼻孔去搜寻，有什么现象透漏了这个季节的消息？试着在不同的日子来寻找，看看每一次你的答案有没有变化？

你能发现这些吗……	描述你注意到的现象
□ 雪在脚下咯吱咯吱地响	
□ 吃食的山雀	
□ 阳光在冰面上闪闪发光	

你还能发现什么？

□	
□	
□	
□	
□	
□	
□	
□	
□	
□	

属于12月的图画

从你的日记中选择一到两个（或者更多）事物，把它画在这里，或者把它的照片贴在这里。

日期：　地点：　时间：

过节啦

12月里有好多节日。所有的节日都和光明有关：农神节、光明节、瑞典圣露西亚节、冬至、宽扎节和圣诞节。千百年来，在很多文化中，12月都是一段令人害怕的日子。古人不知道太阳还会不会回来。在这样严寒的冬天，他们希望有足够的粮食能生存下去，希望自己的家人不要生病。

从古至今，人们都在寻求抵御黑暗和寒冷的办法。希望通过在窗户上燃起蜡烛、点燃篝火来促使温暖的阳光重回大地。而的确，这么做是有用的！一年的这个月中，太阳将在空中划过最低的弧线，也就是说，我们将经历最短的白天。不过一旦过了冬至日，也就是大概12月22日左右，白天将开始慢慢地变长，直到下一个崭新的春天来临。

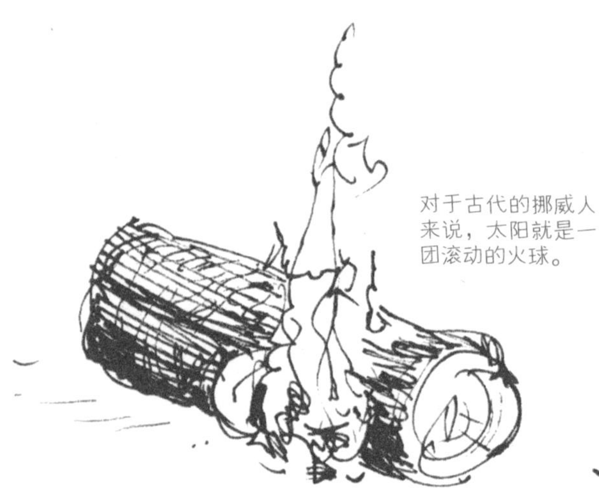

对于古代的挪威人来说，太阳就是一团滚动的火球。

圣诞柴

人们把一年中的这段日子称为“转折时间”。圣诞季节，人们买来圣诞柴并将它点燃，来象征太阳的回归和屋子里的温暖。

蜡烛的身影在各种文化和宗教中都会出现。

苹果象征着食物、健康和生命。

冬青、常春藤，红色和绿色象征着冬季的生命。

槲寄生

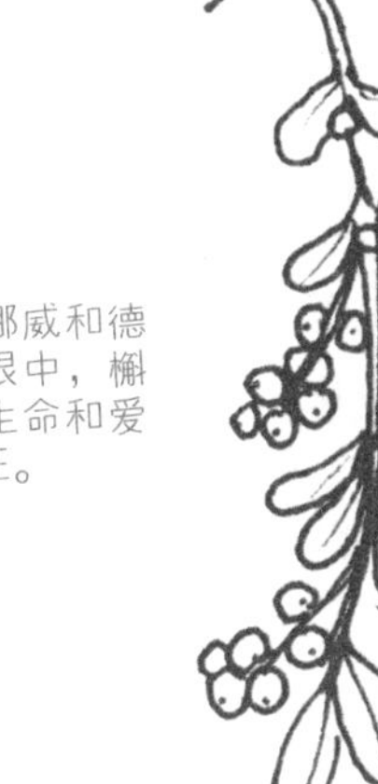

在古代挪威和德鲁伊人眼中，槲寄生是生命和爱情的象征。

通常在树的顶端放一个太阳的形象。

在欧洲，数百年来，人们将冬青树或橡树，不管在门外还是屋里的，在此时装饰一新，用来象征永恒的生命。

你知道吗?

圣人尼古拉的传说来自于土耳其，而他的驯鹿则来自于挪威。

你有没有注意到天使长着鸟儿的翅膀?

明亮而寒冷的冬天是探索自然的完美时光

下面这些活动很适合在12月进行，有些自然中的现象也是这个月最容易发现的。到月底的时候回顾一下，看看这些事儿你是不是都做过了？

□ 在晴朗的日子里，去户外进行一次长途徒步旅行。根据天气状况准备好行装，就出发吧。一路倾听，观看和体悟那些自然物语，并默默记下你观察到的天气变化信号的数目。我会掰着手指头记下来，等回到家再把它们写出来，从我的8根或是6根手指的回忆里。

□ 守候那些冬天从苔原冻土南下而来的猫头鹰、鸭子和雁。冬季观鸟会很冷，但也非常刺激。你需要寻找的是：一个观鸟俱乐部、自然中心，或者拥有单筒望远镜的观鸟者，一本野外观察指南，饱满的热情以及目的地。

我最喜欢去观鸟的时间就是12月。沼泽地已经变成了鲜艳的红铜和赭石色。天空泛着铁青的灰色，阳光下，轻轻荡漾的海涂，闪着粼粼的波光。白天的时间是那样短暂，所以你的注意力会非常集中，满脑子都是你的鸟儿朋友。

想想看，鸟类为什么会有各种各样的喙。从你对鸟的观察中，列出属于下面各种类型喙的鸟类名称。

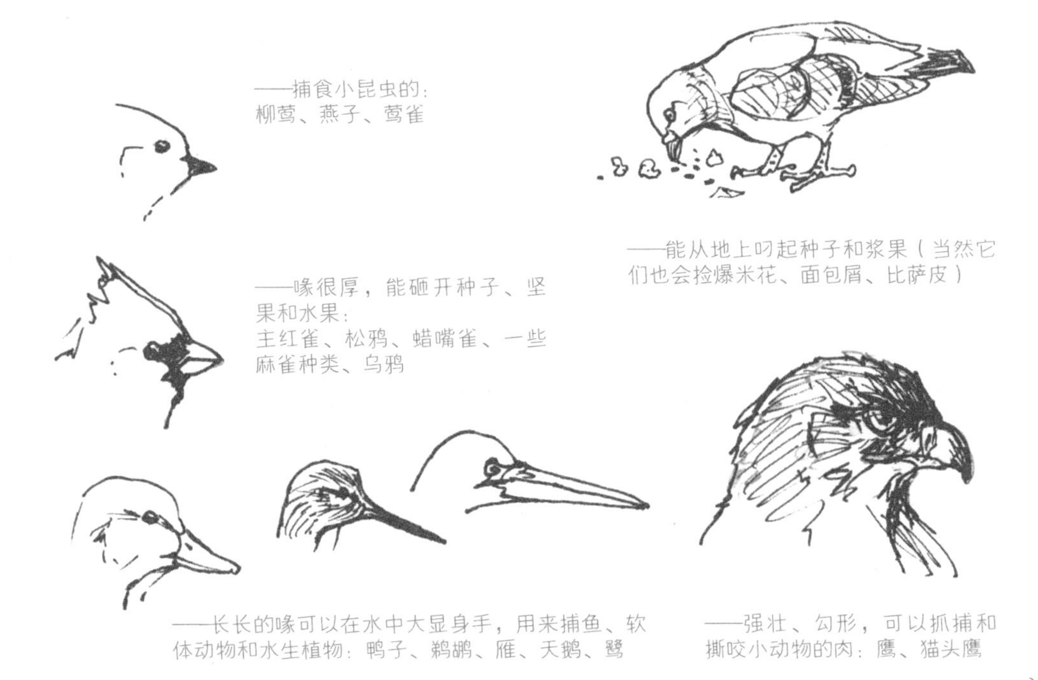

☐ 为自己或朋友做一个日历。每个月都有它自己的色彩和自然特征。亲手做一个你家的自然日历作为今年自然观察的总结吧。通过回顾你的自然笔记或者任何你观察过的自然事物来获得素材和灵感。为每个月画一幅画，涂抹上属于它的色彩，或者做一幅关于这个月自然现象的拼贴画。你可以用在这一年中画过的图画来做或者再重新创作。最后，写一首诗，为那些给你在这一年中带来无尽欢乐的生命而祈福。

☐ 静静地读一本好书。找一些有关冬天的神话故事、节日和信仰的书来读。试试琼·克雷格黑德·乔治的《亲爱的丽贝卡，这里是冬天》或者汤·斯托克斯写的经典的自然指南类书籍《冬季自然指南》。

冬至日

地球围绕太阳运转的轨迹决定了一年中季节的流转、光明和黑暗的循环。在冬至日这天，北半球的白天短暂而寒冷，而南半球则拥有长而温暖的日照（关于冬夏至日和春秋分日，在66~71页、132~133页、178~179页以及242~243页有更详细的内容）。

通过网络、当地的报纸或者天气频道来查询，这个月你那里日出和日落的时间分别在什么时候。在马萨诸塞州剑桥市，最早的日落并不是在冬至日那天，而是发生在12月初，一般在下午4点12分时，接下来的几天也都保持在这个时间日落。到12月21日那天，太阳已经推迟到下午4点15分落山了。而日出则一直到第二年的1月初才渐渐变早。所以，还是自己去观察日出和日落的时间更可靠！

在北极圈之内

在这里，太阳在12月落下去以后，就不再露脸了，直到1月份才重新出现。可想而知，在这遥远的北方生活的人们不会为冬至日而庆祝，他们要庆祝的是太阳回来的那天，即使它在1月份第一次出现的时候只有15分钟。

找太阳

我很喜欢和学生做这个游戏，来理解至日是怎么回事。做法就是：把自己想象成地球，当在夏天和冬天的时候，用你的腰带作为赤道。在冬天，你往后仰，远离太阳，而在夏天，向着太阳弯腰。在这两个季节里，你身体的哪一部分能接受到更多的阳光呢?

冬天的太阳
上午10点
——太阳很低，面朝东面

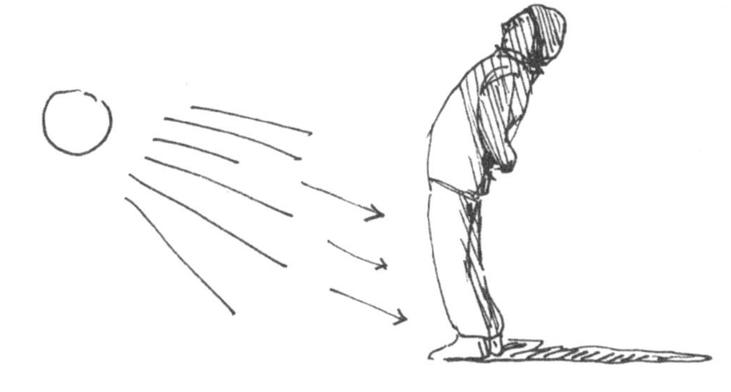

夏天的太阳
上午10点
——太阳很高，面朝东面

注意观察植物和动物是如何追寻阳光的。在冬天仔细观察，想方设法取暖的鸟儿。你家房子或者学校建筑最温暖和最寒冷的是哪一面？在春天最先出土的植物都在什么地方?

12月的景色

动物们都去哪儿了？它们怎么才能保暖？在冰天雪地中的树是怎么活下来的？鸟儿和动物都会找什么地方躲避风雪？它们吃什么呀（你可以在1月和2月的部分了解更多关于动植物越冬的内容）？

小测验：

* 在这两页图中，你能发现多少种动物和植物？
* 还有什么会藏起来的动物呢？

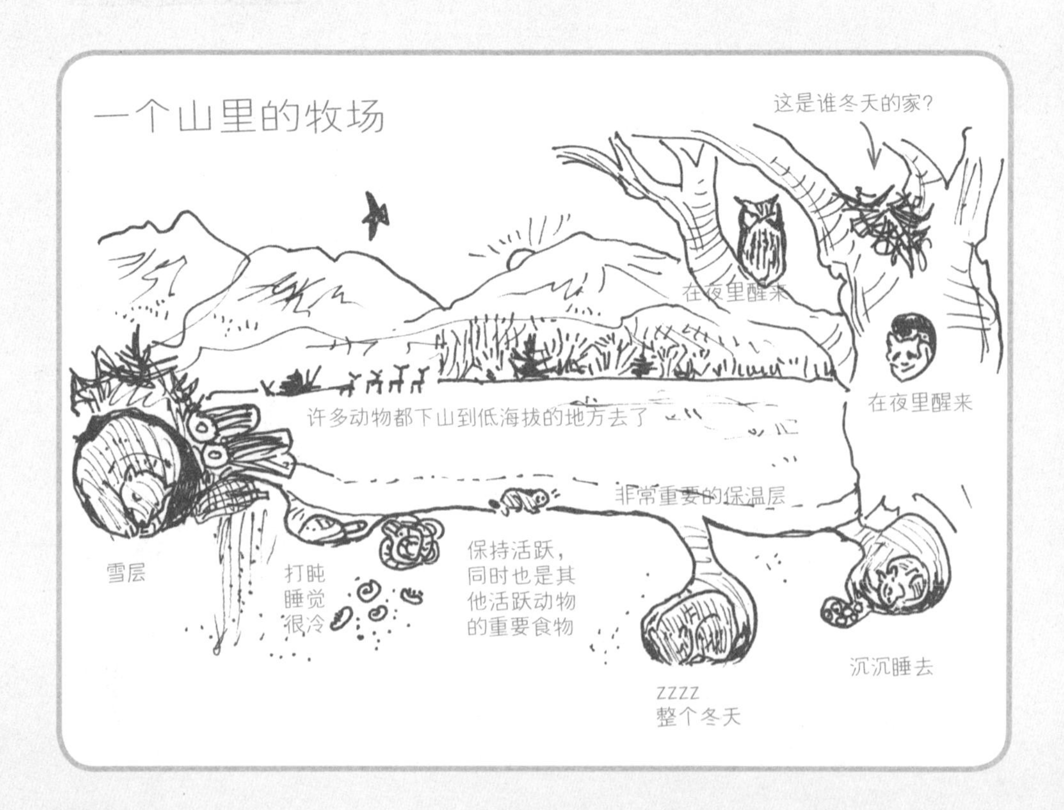

在森林中
常绿树为鸟类、兔子、鹿、老鼠
和其他动物提供了庇护所

在水下
各种昆虫、幼虫和甲壳虫
都在塘泥中昏睡过去了

附录

在美国佛蒙特州，我家附近有一条通往树林的小路，幽幽暗暗的，说起来还真有点儿吓人。当我们的孩子安娜和埃里克还小的时候，我和丈夫经常带着他们去那儿探险。后来，他们渐渐长大了，胆子也越来越大，有时候他们俩会自己钻到林子深处，半天都不出来。现在，我们会盼着他们回来看看我们，然后邀请我们一起再回到这片树林中去散个步。

给家长和老师的一封信

20多年前，当我在养育我的两个孩子的时候，他们没有现在的孩子那些在室内就可以插电玩耍的各种电子产品。那时我们要在一个小城市的公寓和一座陈旧的乡村农场这两个住所之间往返。我记得在那儿，青蛙不时造访我们的浴缸，纸皮箱里生活着受伤的鸟儿和蜻蜓，孩子们和他们的小伙伴就在大街上或者野地里，整日奔跑嬉闹，做着各种游戏。

我们怎么也没想到，在20世纪80年代末的那些岁月里，我们经常说的一句话“噢，我的孩子在外面玩儿呢”竟成了一个过去式。除了有一些琐事的争吵和磕破膝盖之类的擦伤，孩子们在户外玩耍似乎是非常开心，并且全神贯注的。现在，埃里克和安娜都忙于工作和成年人的生活，不过，他们还是很喜欢来到户外，到他们儿时和伙伴们一起玩耍过的地方去走走看看。

一天，我的孩子把15只青蛙放进了我们的浴缸里！

很多时候，当我讲到我和我孩子的童年时光，一些家长都忍不住插话：“是啊，我以前经常是一放学就蹬上自行车，出去东遛西逛去了。现在的孩子怎么都不爱出门儿了啊？”其实，他们仍然可以，也会到户外去活动，只不过大多数的孩子有了更多的选择，他们可以娱乐的东西现在实在是太多了。不过，不管我到哪里，我发现孩子们还是喜欢到户外去玩儿的。他们只是需要引导，怎么探索自然才能更有意思，更安全。一个充满好奇心的成年人是孩子们非常理想的户外活动伙伴！和你的孩子一起探索自然是一件轻松、愉快、经济而又不需要特殊技巧的活动——只要你能花上一些时间，并对此感兴趣就行。

其实，在户外游玩非常轻松，和你的家人一起去树林中散步，和你的孙女一起为月亮作首诗，或者躺在你家后院新下的雪地上，然后堆一个雪人，这些都是很有意思的事情。你还可以爬一爬树，或者垒一个小城堡……总之，现在是重新开始招集全家老小，一起在户外活动的时候了，我希望这本书会成为你们户外活动的好帮手！

作为一名教师和家长，我深知要带孩子们或者学生去户外活动，抽出足够的时间有多么困难。一天只有那么多时间，又被很多必须完成的事情占据了大半，而且，我们通常没有理由到户外去。但是一次又一次地，不论是我同教师、家长的谈话，还是观察孩子们和我自己的感受，我意识到，哪怕只是在15分钟的户外活动之后，我们都会更开心、更放松。您一定注意到过，当孩子们在看到头顶翱翔的鹰的时候，在雪地里追寻鹿的脚印的时候，或者仅仅是在野地里纵情奔跑的时候，孩子们会变得多么开心和专注。

在古代，当人类和自然的关系更亲密的时候，我们的祖辈们必须知道许多有关大自然的知识才能生存。而今，大多数人都不懂得月相的变化，或者潮汐的时间，也叫不出几种鸟雀的名字。可所有这些自然界的规律仍在运转，等着我们去了解。而了解这些知识，将会帮助你和你的孩子们感知到更多你周围的世界——它是那样精彩多姿。

你可以从阅读瑞秋·卡森的启蒙书《惊奇感》开启你的自然探索之旅。她有相当多的著作都源自于她在缅因州的户外生活。卡森有一个非常重要的观念，这也是我经常和大家分享和在教学中引用的："疑惑……引起我们的好奇心……使我们得知真相……让我们有责任感……促使我们行动起来。"

英国灵长类学家和慈善家珍·古道尔也是本着同样的前提，面向所有年龄段的孩子，创建了卓有成效的"根与芽"项目。她常说："如果人们看到了我所看到的美景，那他们也会加入到保护动物和植物的事业中，因为正是它们为我们提供了衣食住行各个方面的材料。"

我本人非常推荐大家读一读理查德·洛夫的《林间最后的小孩》——他提到了许多非常重要的让孩子们重返自然的原因，大量的例子表明，缺乏和自然的接触，会让儿童的成长出现很多问题。

引领我们的孩子

这本书创作的基础是我30多年来进行自然探索和自然旅行的教学经验。当然，关于如何带孩子们观察自然，书里无法做到面面俱到地去指导，其中还有很多我漏掉的和仍需探索的问题。像我的妈妈，她并不知道很多鸟的名字，但这并不妨碍我们亲近自然——当她在园地里打理蔬菜花果时，我们孩子们就在旁边的沙坑里玩耍。在成长的过程中，我并没有刻意地去“接触自然”，但我的确是在大自然中玩儿着长大的。

我之所以成为一名从事自然教育的老师，很大程度上是因为我有一位自然科学的导师，她教我们如何观鸟、采蘑菇。在宾夕法尼亚州，郊外学校附近有许多野生的树林和荒地，她还教我们如何快速地穿越它们。她对我们所见的所有事情都是那么兴致盎然，同时，她也要求我们这样！

今天，作为一名被认为应该对“本地自然”非常了解的教育者，很多双眼睛都在关注我，跟随我——我对什么感兴趣，我在遇见一只乌鸦、观察一株蒲公英、对一张蜘蛛网发出的惊叹是多么的专注。不管是对老师还是家长，我都要由衷地说：“你们是孩子们的导师。如果你对蝙蝠怀有浓厚的兴趣，并告诉孩子们其中的缘由，然后，让他们自己去了解蝙蝠，我保证他们就会加入到你的兴趣中。为什么呢？因为他们想和你一起做事情，只要你的兴趣是真实的。而反之，如果你害怕某件事物，孩子们也会跟你一样害怕。”

孩子们需要沉浸在大自然的教育中，这种沉浸应该是生动的、大量的，有建设性而开放式的，这种沉浸应该是常年的，而不仅仅局限于短暂的暑假。孩子们还需要家长的引领，至少，家长应该愿意保存那些从孩子口袋里发现的石子儿。

—大卫·苏贝尔，“一口袋石子”《奥利安》杂志，1993—

户外活动安全贴士

千百年来，孩子们都会在家园附近的树林、野地和溪流边玩耍。他们天性好奇，敢于冒险去探寻周围的世界，当然也会经常陷入一些各种各样的麻烦，但之后他们就会通过一次次的教训，变得更加聪明和坚强。可如今，我们的孩子被过分地保护，以至于许多孩子几乎无视自然的存在，或者觉得大自然要么是无聊的，要么是可怕的。

我曾经教过一群自称“对大自然过敏”的孩子。他们之中，有一个孩子一出门就要带手套，还有一个孩子说他的家长把他们家小区所有的树都给砍了，就因为他对花粉过敏。有一个女孩子说她收到了她父母的来信，要求她要一直待在室内。后来她决定不管怎么样，都要和她的同学一起出去玩玩，很快，我就发现她弯下腰、碰触大地，开始闻地上的花草，好像完全忘记自己是对大自然“过敏的”（我非常乐于想象，今天这个孩子没准儿会成为一个公园管理员）。

当我们的孩子想要去他们邻居家的院子里探个究竟，在幽暗的树林里漫游，或者骑自行车到当地的一个湖边去玩儿，我们大人都在担心些什么？当我们说下面这些话的时候，我们都给孩子灌输了什么？——“别跑太远”，“不管去哪儿，不要和陌生人说话”，“别动不动就摸它”，“现在马上给我回家”，还有“天黑以后不许出去了”？

对于很多成年人来说，对未知的恐惧和对事物不能掌控的感觉让我们把孩子圈养在一个可控制的环境里，不敢放手让他们自由地在自然中探索。要想让你的孩子消除对户外活动的恐惧（或者其他各种恐惧），你必须先让自己不那么害怕。孩子对我们的害怕和犹豫的感觉会非常迅速地受到感染。关键是要弄明白，什么是真正应该害怕的，什么不是。大自然也不可能处处都是陷阱啊（作为家长，我同样必须了解这一点）！

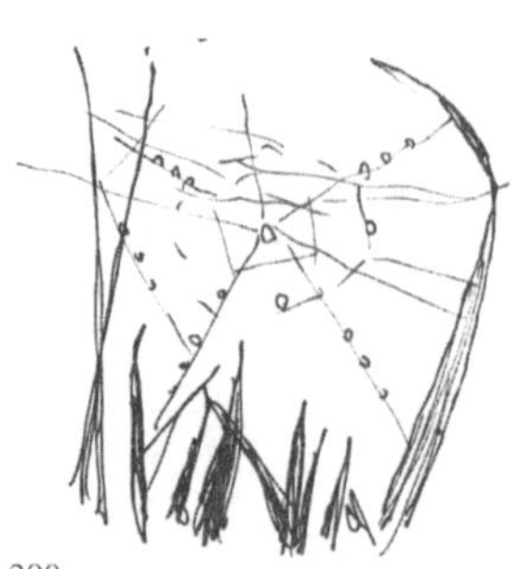

这里有一些简单的方法可以平复你自己的担心，当然也包括你孩子的担心，让你们更加享受在户外的时光。在我自己的教学中，我也仍然会使用这些方法。

* 在最初的几次，和孩子一起行动。比如一起去采集自然标本，一起攀登附近的小山，或者一起在池塘里游泳。如果在这些过程中有一些磕磕碰碰或者擦伤，也不要紧。和孩子们好好聊聊他们到底担心些什么，然后告诉他们哪些情况是真正需要担心的，哪些事情只是他们在自己吓唬自己。

* 告诉孩子哪些地方可以去玩，哪些地方不可以，还有，你希望他们在什么时候回家。然后，就放手让他们消失在后院、公园、当地的树林里，任由他们自己去和大自然亲密接触吧。要信任孩子，相信他们一定会按时回家的。

* 和孩子一起学习那些有毒的植物、蘑菇和浆果，如果这些物种在你那里存在的话，你一定要学会辨认它们，避免随意采摘和误食。你们可以一起上网或者查阅相关的书籍来找到它们。

* 告诉孩子要做的每项任务，重要的是，当他们回来以后要在完成的任务后面打钩，以此来督促孩子。

毒漆藤

* 教孩子不要去拍打蜜蜂和黄蜂。如果你站着不动，它们最终会自己飞走的。如果他们对蜂类过敏，要了解万一被蜇到了该怎么办，必要的时候带上合适的防叮咬装备。

* 轻轻地拿起鼻涕虫、蜘蛛和蠕虫，来告诉孩子你不害怕它们。如果你实在鼓不起勇气，至少不要阻止你的孩子去触碰、去闻嗅大自然中的生物，不要阻止他们想要亲密接触自然的本能。

* 鼓励孩子保持好奇心的同时不要忘了对大自然怀有尊重之心。有些孩子喜欢去捣蚂蚁窝或者驱赶鸟群。对这样的淘气包可能需要一些额外的辅导，来帮助他们学着坐下来耐心地观察自然。

* 最重要的是，放松心情，和孩子一起分享自然之乐——即使你们“什么都没有做”，请关掉手机，哪怕只有一小会儿！

如何将自然日记运用在您的教学中

虽然我主要从事的是艺术工作，但当我上课时，艺术并不是我的焦点。我的目标是帮助孩子们（和老师们）去观察、欣赏他们身边这个美丽的世界，并学习到更多的相关知识。让你的学生写自然日记的魅力在于，它只需要很少的装备就可以启动，并且不要求你有专业的“自然知识”。你只需要拥有到户外的好奇心和探索你身边的自然界的愿望就行，当然，与你的学生分享你的热情也很重要（想要了解如何使这些自然学习的方法符合国家课程标准，请参阅第294~295页）。

在我带领任何年龄的孩子进行自然观察之前，我都会让每个人建立自己的自然日记本，里面包括日期、时间、地点、天气、月相、日出和日落时间等项目。我们会分享可能看到的任何东西，就在当时的季节，在我们所在的教室外面。当我们外出时，会怀有一定的期望——旅程将从安静的散步开始，然后我们一起走上一小段路，边听边看。接下来，寻宝活动就开始了！就在家门外，究竟会有什么有趣的发现？一旦有了特别的发现，我们就把它记下来。

一队学生有可能去探索任意一个地方，时间也可能从30分钟到3天不等——可以是校园、树林周围，也可以是池塘、海滩、高山草甸或者城市里的某个地方。我们画简笔画来记录自己的见闻（我并不称它们是绘画），并将它们仔细保存，就像第50~51页和第95页介绍的那样。我和组员们一起绘画，跟他们一样，每张图画不超过3分钟。我们注重的是整体情况，画画时会不断思考:“此时此刻自然界正发生什么事？”与此同时，还要做大量的笔记。这时候我们应该把自己当成科学家，而不是画家！

回到室内以后，如果更加仔细地画会花上好几个小时，这取决于组员的年龄、兴趣和意图。但我总是给他们推荐很多我手头的绘图指导和参考资料，以利于培养孩子们持续的兴趣和准确的学习。

野外旅行的小贴士

* 保持简约！我建议尽量利用你手头的任何纸张——空白的打印纸就非常好——对折一次或两次。用一张硬纸板或笔记板来垫着写。

* 任何型号的铅笔都可以用，并且保证你有很多已经削好的备用铅笔。

* 图画应该尽快地完成，而且你最好一直站着，那样你才能保持探索的状态。告诉孩子们不要担心会画错或者涂改线条——只要一直画完并继续下一个目标。

* 望远镜、观察草地的放大镜不是必备的，但是，如果这些工具数量可以满足小组成员合理分配使用，也可以增加大家的体验。我通常不用这些工具，因为它们会分散注意力，尤其对于年龄比较小的孩子来说。请参阅第15页，怎样准备一套完整的野外自然探索装备。

在教室里

* 在教室里准备不同的手写和手绘工具——削尖的铅笔（普通的和彩色的），圆珠笔和毡头笔、马克笔、蜡笔、水彩笔。很多孩子都喜欢改善他们的速写，使之成为一幅完整的图画。我告诉孩子们不要担心技巧和天分，像其他的技巧一样，想要画得好，必须经过多年耐心的练习。

* 保持好奇心。让你的学生每个季节都渴望与你一起到野外去。

* 创建一个关于当地鸟类、动物、树木和植物的野外指南的图书馆。当你外出时可以带上一到两本相关的书籍，但要注意太多的书会使学生们只看书上的内容而分散了注意力，不注意去观察和倾听。不用着急，当你们回到教室后，还会有大把时间进行更深入的研究。

将书中的方法与学校的课程要求相衔接

我们必须以自然为尺度，
我们必须以拥有智慧的谦卑为荣，
在大自然的边界之外，
存在着无尽的秘密。
我们该承认，总有一些生命的秩序，
远远超出我们的理解能力。

——瓦茨拉夫·哈韦尔，《生活在真理中》——

随着地球的生态系统正面临着越来越快的变化，让我们的孩子更多地了解他们身边的自然变得越来越重要了。因为这样当他们长大以后，他们就会更积极、更有责任感地去保护自己的家园。尽管这样的需求十分迫切，我们也可以理解，老师和家长们还是最关心那些符合国家和地区考试标准的科目。事实上，探索自然对孩子的教育是很重要的，而且也符合各种学术训练的要求。目前，科学研究的水平已逐渐扩展到地区自然研究层面上来，就像一位学生对我说的那样："我们依靠自然而活，所以我们得对它有所了解。"

我已经将在这几十年内积累的自然研究的方法用于我的教学（这些方法基本都收集在了这本书中），并且逐渐让这些方法适合于不同年级学生的接受能力（从幼儿园一直到大学）、不同的课堂环境和课程要求。这本书的设计尽可能做到方法灵活、适用性广泛，因为我们与自然的联系是方方面面的，所以这本书介绍的方法也是多种多样的。当然，不同地区的教育标准是不一样的，不过书中介绍的大部分方法和内容是被许多课程所广泛接受的学习目标和要求。

地球科学

对科学问题的求索：提问怎么样，为什么，是什么，在哪里

进行科学研究：观察、记录、测量

了解自然界：天空、天气、季节、植物、动物、栖息地和流域

社会学

了解当地历史：探险家、拓荒者、土地使用历史

制作地图和壁画

数学

应用概念：地图、表格、图表、列表

量化信息：测量、比较、计数

语言艺术

写作：书写笔记，坚持记录，叙述故事，写诗、戏剧、小说和非小说文学

阅读：自然文学作品（小说和非小说文学），口头报告

交流：提问，构想理论，收集资料，解决问题

专注力：训练耐心，在小组里学会倾听

美术和音乐

观察：学会准确地去看和听

绘画：基础绘画技巧的应用，鼓励学生用各种各样的媒体来创作自己的风格，在训练中获得信心，提升团队合作能力

听力：学习用耳朵来辨别大自然中发生的事情，用自然物品来创作音乐，学会安静倾听

体育

在户外：自由玩耍，适应大自然和自己身体的节奏，并感到舒适

体能锻炼：走路、登山、跑步、滑雪，拥有健康的体魄